KB009414

바다의 터줏대감,
물고기

바다의 터줏대감, 물고기

_바닷속 물고기 세상 엿보기

2013년 5월 1일 초판 1쇄 발행
글·사진 명정구

펴낸이 이원중 책임편집 김명희 편집 류종순 삽화 안상희 디자인 이윤화
펴낸곳 지성사 출판등록일 1993년 12월 9일 등록번호 제10 - 916호
주소 (121 - 829) 서울시 마포구 상수동 337 - 4 전화 (02) 335 - 5494~5 팩스 (02) 335 - 5496
홈페이지 www.jisungsa.co.kr 블로그 blog.naver.com/jisungsabook 이메일 jisungsa@hanmail.net
편집주간 김명희 편집팀 김재희 디자인팀 이윤화, 이향란

ⓒ 명정구 2013

ISBN 978 - 89 - 7889 - 267 - 4 (04400)
ISBN 978 - 89 - 7889 - 168 - 4 (세트)

이 도서의 국립중앙도서관 출판시도서목록(CIP)은 서지정보유통지원시스템 홈페이지(http://seoji.nl.go.kr)와
국가자료공동목록시스템(http://www.nl.go.kr/kolisnet)에서 이용하실 수 있습니다.(CIP제어번호: CIP2013004213)

바다의 터줏대감, 물고기

바닷속 **물고기 세상** 엿보기

명정구
글 · 사진

지성사

　　스쿠버다이빙을 처음 배우던 1977년 여름, 부산 해운
대 앞바다의 바닥에 누워 아른거리는 수면 너머로 푸른 하
늘과 한가로이 떠 있는 구름을 올려다보았을 때의 느낌은
30여 년이 지난 지금도 생생하다. 물속에 들어가 보고 싶어
했던 어린 시절의 꿈을 스쿠버다이빙으로 실현하게 된 첫
날, 선생님의 권유로 물속에 누워 바닷물을 통해 바라본 물
밖 세상은 또 다른 세상이었다. 그 후로 어릴 적 꿈꾸었던
바다목장을 만들면서, 또 크고 작은 연구 과정에서 바다를
탐사할 기회가 늘어나면서 물속 세상은 내게 더 이상 낯선
곳이 아니게 되었다.

　　바다에 대한 호기심으로, 때로는 연구에 대한 열정으로
바닷속을 누빈 지난 30여 년 동안 바다에서 얻은 지식의 양

만큼이나 느낀 점도 많았다. 그중 하나가 지난 수억 년 동안 지구 면적의 70퍼센트를 차지하는 물속 세계에서 자연의 질서를 지키며 살아온 물고기에게 가장 고등하다고 생각하는 인간들이 배울 것이 많다는 사실이다. 최근 심각하게 제기되고 있는 해양 수산 자원의 고갈, 기후 온난화 문제들은 어찌 보면 자연과 조화롭게 지내야 한다는 당연한 사실을, 문명을 발달시킨다는 명목 아래 인간 중심으로 가볍게 생각한 탓이 아닐까 반성하게 된다. 물속에서 과학적 자료를 얻어 연구하고 학술적 성과를 이루는 일도 즐거웠지만, 육상의 사람들과는 달리 수중 세계를 건강하게 지켜온 물고기들의 생활 방식에서 우리가 배워야 할 것이 많다는 깨달음도 또 다른 즐거움이었다.

이 책은 필지에게 많은 가르침을 준 바닷속 물고기들의 세계를 알고 이해하기 위해 기획되었다. 그들이 물속 세상에서 살아가기 위해 어떠한 형태를 취하고 어떠한 번식 전략을 세우며 그들의 생리는 어떠한지 등을 살펴보고, 성격이 다른 바다로 국토의 삼면이 둘러싸인 우리나라 연안에서 만날 수 있는 물고기 가족의 생김새와 간단한 생태 특성도 알아보았다. 그들은 늘 우리 곁에 있으며, 우리와 공존하기를 원한다는 것을 사람들이 알아주기를 바라면서······.

그동안 우리나라 바다는 물론이고 일본, 미국, 미크로네시아, 팔라우, 인도네시아, 필리핀, 호주 등 우리 바다와는 많이 다른 바다를 탐사하며 알게 된 수중 세계의 엄격한 질서를 일일이 소개하는 것은 한계가 있다. 다만, 사람들도 그들이 사는 물속 세상을 이해해야 한다는 사실만은 꼭 전하고 싶다. 적어도 필자가 만난 물고기들은 때로는 신기한 생활 방식으로, 때로는 놀라울 만큼 세밀한 생존 전략으로 수많은 해양생물들과 더불어 살아가는 공존의 가르침을 주었기 때문이다.

이제 우리가 그들의 생활 모습에서 배우고 그들을 이해함으로써 바다에서 인간 위주로 이루어지던 무분별한 간척

사업, 과도한 어업 활동, 쓰레기 투여 등의 잘못들을 고쳐 나가야 할 것이다. 30여 년 전 필자가 처음 바닷속으로 들어감으로써 그들을 이해하기 시작했듯이 그들도 물 밖 세상 속의 우리를 이해하고 더불어 살아가는 친구로 느끼는 시작이 되기를 바란다.

처음 글을 시작할 때의 방향에서 조금 벗어난 감은 있지만 이번의 작업이 마지막이 아니란 것에 위로를 삼으며, 가능한 한 독자들이 이해하기 쉽도록 내용을 자연스러운 순서로 정리했다. 물고기의 세계를 깊이 알고 싶어 하는 사람들에겐 다소 미흡한 점도 있겠지만 앞으로의 작업들을 계획하면서 이번 책이 그 기초가 되리라 믿어 본다.

수중 세계 방문의 꿈을 키워 주신 부모님, 스쿠버다이빙을 가르쳐 주신 홍성윤 교수님, 물고기와 대화하는 방식을 알려주신 김용억 교수님과 수중에서 늘 짝이 되어 준 경정훈 님께 감사드린다. 저의 짧은 지식과 경험을 책으로 엮어 펴낼 수 있도록 기회와 도움을 주신 한국해양과학기술원과 관계자 여러분, 그리고 지성사에도 감사를 표한다.

명정구

1 물고기의
탄생과 진화

바다와
물고기의 등장

　물속에서 살아가는 물고기는 바다가 삶의 터전이자 중요한 생활 공간이다. 물고기들이 살아가는 이곳, 바다는 언제 만들어졌을까? 46억 년 전 뜨거운 용암 덩어리였던 지구는 열기로 생긴 수증기에 의해 비가 내리면서 식어 44억 년 전부터 육지가 만들어지기 시작했다. 지구의 온도가 낮아지면서 땅속의 수분이 대기로 올라가 구름을 만들고 비가 되어 오랫동안 내려 땅 위에 고이면서 지구 위에 물이 생겨났다. 약 40억 년 전의 일이다. 지구의 표면적은 약 5억만 제곱킬로미터인데 그중 70퍼센트가 넘는 약 3억 6만 제곱킬로미터가 물로 덮여 있다. 지구를 '물의 행성'이라 해도 지나치지 않은 이유이다. 육지의 평균 높이가 840미터인 데 비해 바다의 평균 깊이는 3700~3800미터로 바다는 넓기만 한 것이 아니라 깊기도 하다.

우리나라는 그로부터 15억 년이 지난 29억 년 전쯤 바닷속의 암석이 지표로 올라와 세상에 모습을 드러냈다고 한다. 육지에서 발견되는 조개 화석들이 우리나라가 아주 오래전에는 물속에 있었다는 것을 증명해 준다. 이후 많은 변화를 거쳐 1억 5000만 년 전에야 지금의 육지 형태가 완성되었다. 삼면이 바다로 둘러싸여 있는 우리나라는 마지막 빙하기 이후 빙하가 녹으면서 해수면이 올라와 2500만 년 전에 동해가, 5000만 년 전에 서해가 각각 만들어졌다.

물고기의 출현과 진화

지구 위에 물이 생긴 지 약 5억 년 뒤인 35억 년 전부터 물속에 박테리아와 같은 미세 생명체가 생겨나기 시작했다. 그 후 물속에 조류algae가 생겨난 것을 시작으로 땅 위에 식물이, 물속에 무척추동물이 등장하였다. 약 5억 년 전에는 지구 위에 처음으로 척추동물의 조상이 나타났으며, 물고기의 조상은 4억 5000만 년 전부터 4억 년 전 사이 고생대 캄브리아기에 출현한 것으로 추정된다.

처음 모습을 드러낸 원시 어류는 지금의 어류와는 모습부터 차이가 크다. 원시 어류는 턱이 없고 몸의 일부 또는 전체가 단단한 껍질로 싸여 있었다. 고생대 캄브리아기에서 실루리아기를 거치며 원시 어류는 점차 분화되어 턱과 양쪽 지느러미는 없으면서 몸 전체 또는 일부가 단단한 판으로 덮인 갑피류와, 턱과 양쪽 지느러미가 발달하고 단단한 골판을 가진 판피류가 나타났다. 갑피류는 느릿느릿 바닥을 헤엄쳐 다니며 작은 플랑크톤이나 바다의 유기물을 빨아들여서 먹었을 것으로 추측하고 있다. 이 무리들은 데본기 말기까지 번성하다가 사라졌다.

3억 2000년 전인 고생대 데본기에는 내비공어류와 조기류의 두 부류가 번성하였다. 이들은 발달된 턱, 눈과 입 그리고 지느러미를 가진 물고기로 헤엄치는 능력이 뛰어나 갑피류처럼 바다 밑바닥에서만 생활하지 않고 수심이 깊은 곳과 얕은 곳을 활발히 헤엄쳐 돌아다니면서 먹이를 잡아먹었다. 드디어 물고기들이 넓은 수중 공간을 무대로 살아가기 시작한 것이다. 그 후 긴 진화 과정을 거치면서 당시 출현했던 내비공 어류는 대부분 멸종했으나, '살아있는 화석'이라 부르는 폐어류肺魚類 몇 종과 실러캔스 *Latimeria chalumnae*가 지금도 바다를 누비고 있다.

현존하는 원시 어류인 폐어(위)와 실러캔스(아래)

내비공어류와 함께 번성했던 조기류는 연질류, 전골류, 진골류로 점차 진화했다. 그러나 연질류는 철갑상어류와 다기류를 남기고 모두 멸종했고, 전골류도 중생대까지는 번성했으나 인골류와 아미아류를 남기고 멸종했다. 진골류는 중생대 백악기에 이르러 다양한 방향으로 진화를 거듭하면서 현재에 이르고 있는데, 잉어목 어류만 민물에서 진화 과정을 거쳤고 나머지 무리는 모두 바다에서 진화를 이어 왔다.

현재 지구에 살고 있는 어류는 이름이 붙여진 것만 약 2만 7000여 종이며 이 중 약 60퍼센트가 바닷물고기이다. 이는 전체 척추동물의 약 41퍼센트에 해당하는 것으로, 양서류 2500여 종, 파충류 6000여 종, 조류 8600여 종, 포유류 4500여 종인 다른 척추동물에 비교하면 종 수가 많은 편이다. 우리나라의 강과 호수 그리고 바다에 살고 있는 어류는 지금까지 1000여 종이 알려져 있으며, 이 중 약 150종은 민물에 서식하고 나머지는 바다에 살고 있다.

원시 인류*Homo ergaster, H. babilis, H. erectus*가 약 80만 년 전 지구에 나타난 것에 비하면 어류는 이보다 훨씬 긴 진화의 역사를 가진 척추동물이다. 땅 위로 삶의 근거지를 옮긴 대부분의 척추동물과는 달리 현재까지 바다의 주인으로 물속에서만 살아온 물고기를 '바다의 터줏대감'이라 할 만하다.

물고기의
생김새와 기능

물속에서 살아가는 물고기는 땅 위에 사는 동물들과는 사뭇 다른 독특한 모습을 하고 있다. 물이라는 특수한 환경에서 생활해야 하는 물고기는 물속 환경에 적응해 살아남기 위하여 다양한 체형과 그에 어울리는 기관들을 발달, 분화시키며 진화해 온 것이다.

체형

물고기는 몸의 생김새에 따라 방추형, 측편형, 편평형, 장어형, 구형으로 나누며 이들 체형이 섞인 복합형도 있다.

물고기의 체형

방수형

가다랑어

축편형

감성돔

편평형

황아귀

장어형

붕장어

구형

참복

방수형과 장어형의 중간

학공치

빠르게 헤엄치기 위하여 물과의 마찰을 최대한 줄인 체형으로, 가다랑어, 고등어, 방어와 같이 주로 먼바다 어종들이 속한다. 이들은 주로 활발한 움직임에도 쉽게 피로를 느끼지 않는 붉은색 근육을 가지고 있어서 먼 거리를 빠른 속도로 지속적으로 이동할 수 있다.

체형 외에 물과의 마찰을 줄이기 위한 진화의 모습은 참다랑어, 황다랑어 등 다랑어류의 지느러미에서도 찾아볼수 있다. 물속에서 최대한 속도를 내기 위하여 헤엄칠 때에는 몸통에 난 홈 속으로 지느러미를 접어 넣거나 지느러미를 몸에 딱 붙여 물과의 마찰을 최대한 줄인다. 방추형의 몸을 가진 다랑어류는 시속 100킬로미터 이상의 속도로 헤엄칠 수 있다.

참다랑어(왼쪽)는 등지느러미의 가시부를 몸 속으로 접어 넣을 수 있으며(가운데), 가슴지느러미도 몸통 옆의 홈에 들어갈 수 있어 유영할 때 마찰력을 최대한 줄이는 몸의 구조를 가졌다(오른쪽).

| 측편형

옆으로 납작한 체형으로, 참돔, 돌돔, 감성돔 같은 돔류, 쥐치, 독가시치, 전어 등이 속한다. 이러한 체형은 짧은 거리를 이동하는 데 유리하며 순간 동작이나 짧은 시간에 속도를 올리는 데 적합하다. 먼 거리를 오래 이동하지 않는 종이므로 붉은색 근육이 발달하지 않아 대개 살이 희다. 도미의 체형이 표본적이라 할 수 있으며, 감성돔은 시속 5~10킬로미터 정도로 다랑어류보다 유영 속도는 늦지만 순간적인 순발력은 뛰어나다.

| 편평형

아래위로 납작한 체형으로, 가오리, 양태, 아귀류 등이 속한다. 생김새를 보면 알 수 있듯이 편평형 물고기들은 주로 배를 바닥에 붙이고 해저 밑바닥에서 생활한다. 주로 납작한 몸을 모래나 뻘 바닥에 묻은 채 쉬거나 먹이를 기다린다. 그래서 천적의 눈에 잘 띄지 않도록 등 쪽의 몸색이 바닥 색과 비슷하다.

| 장어형

긴 원통형의 체형으로, 먹장어, 칠성장어, 드렁허리, 뱀장어, 갯장어, 붕장어 등이 속한다. 둥근 몸을 이용해 해저

밑바닥을 파고 들어가거나 작은 돌 틈에 숨어 살아간다. 간혹 먹장어처럼 죽은 물고기의 몸을 뚫고 들어가 살을 파먹는 종도 있다.

| 구형

공처럼 둥근 체형으로 물속에서 비교적 천천히 움직이는 종이 많다. 자주복, 까치복, 복섬, 가시복, 거북복 등 복어류가 이에 속한다. 복어는 독을 가지고 있어 위험을 느끼거나 적에게 위협을 받으면 물을 들이켜서 몸을 공처럼 부풀린다. 평소에는 지느러미를 좌우로 천천히 움직이면서 먹이를 찾거나 휴식을 취하는 모습도 볼 수 있다.

위의 다섯 가지 유형 외에 두 가지 체형이 섞인 복합형도 있다. 학공치나 동갈치는 장어형과 방추형의 특색을 모두 가진 종류들이다.

주둥이와 이빨

물고기도 여느 생물처럼 그들이 살고 있는 환경에 적응해 살기 편하게 각 기관이 분화되어 왔다. 주둥이의 모양도 식성과 환경에 따라 매우 다양한 형태를 보인다. 먼저 환경의 차이, 즉 살고 있는 수심에 따라서도 형태가 달라진다.

바다의 중층과 표층을 빠르게 헤엄치면서 먹이를 잡아먹는 고등어, 전갱이, 방어 등의 주둥이는 머리 앞쪽 끝에서 수평으로 열리거나 비스듬히 열린다. 이에 비해 가오리, 성대, 철갑상어처럼 바닥의 먹이를 먹는 종은 머리 아래쪽에 주둥이가 있고, 아귀처럼 해저 바닥에서 먹잇감을 기다렸다가 입 근처로 유인해 잡아먹는 종은 주둥이가 매우 크고 위쪽을 향해 열려 있다. 식성에 따라서도 주둥이의 형태가 다르다. 예를 들어 물고기, 게, 새우 등 갑각류를 잡아먹는 육식성 어종 중에는 씬벵이, 달고기처럼 빠르게 주둥이를 앞으로 내밀 수 있는 것들도 있다.

먹이를 사냥할 때 유용하게 사용하는 이빨도 주둥이의 생김새 만큼이나 형태가 다양하다. 실고기나 해마처럼 이빨이 없거나 있다고 해도 구별하기가 쉽지 않은 종도 있지만 대부분의 물고기는 아래턱과 위턱에 이빨이 있다. 이빨은 형태와 위치에 따라 턱니, 입천장니, 혓바닥니, 목니 등으로 나눈다. 주로 육식성 물고기에 발달한 턱니는 다시 모양에 따라 송곳니, 원뿔니, 앞니, 어금니로 나눌 수 있고, 그중 송곳니는 어류나 새우, 게 등을 잡아서 끊어 먹는 육식성 어종에서 쉽게 볼 수 있다. 입천장니는 주로 입천장에 위치한 서

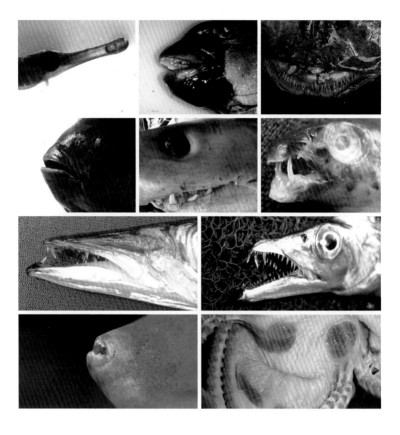

1 2 3
4 5 6
7 8
9 10

물고기의 다양한 이빨 1 플랑크톤을 빨아 마시는 실고기의 대롱같이 생긴 주둥이 2 소라, 성게 등을 부숴 먹는, 새 부리처럼 생긴 돌돔의 앞니 3 먹이를 유인해 잡아먹는 아귀의 날카로운 이빨 4 바위에 붙은 해조류를 갉아먹기 좋은 벵에돔 이빨 5 안쪽을 향하는 삼각형의 강력한 상어 이빨 6 날카로운 아래턱 송곳니를 가진 두줄베도라치 7 꼬치고기의 송곳니 8 입 천장의 이빨도 날카롭고 큰 갈치 9 말쥐치의 앞니 10 목구멍 앞쪽 아래위에 위치한 대구의 목니

25

골과 구개골에 이빨이 발달하는 것으로 연어나 꼬치고기에서 볼 수 있다. 혓바닥니도 육식성 물고기에서 볼 수 있으며 대표적인 물고기로는 갈치를 꼽을 수 있다. 목니는 인두골에 이빨이 발달한 형태로, 턱니가 발달하지 않은 망상어, 잉어 등에서 볼 수 있다.

시각 기관, 눈

물고기의 눈은 한 쌍이며 크기와 기능은 생활하는 환경에 따라 다르다. 작은 물고기를 잡아먹기 위해 중층이나 표층을 빠르게 헤엄쳐 다니는 다랑어, 방어 등은 눈이 크다. 또 해저 바닥에서 생활하거나 어둡고 깊은 바다에 사는 종이나 밤에 먹이 활동을 하는 종들도 커다란 눈을 가진 종류가 많다. 반면에 먹장어처럼 눈이 피부 아래에 묻혀 있는 종이 있는가 하면 메기처럼 야행성이지만 눈이 매우 작은 종도 있다.

물고기의 눈은 주로 생활하는 수심대와 활동 시간대에 따라 다르다. 예를 들면 깊은 바다에 사는 어종은 눈이 커지거나 반대로 매우 작게 퇴화하는 양극화 양상을 보인다. 또 같은 지역에 사는 물고기라도 주로 낮 시간에 활동하는^{주행성}

어종과 밤 시간에 활동하는^{야행성} 어종의 눈 형태는 큰 차이를 보인다. 주로 밤에 활동하는 물고기들은 낮에 활동하는 물고기보다 일반적으로 눈이 크다. 반대로 메기처럼 야행성이지만 눈이 매우 작은 종도 있다.

물속에서 생활하는 물고기는 육상에 사는 동물과는 달리 눈이 건조하지 않으므로 눈꺼풀이나 눈물샘이 없는 대신 이와 비슷하게 눈을 보호하

투명한 막인 기름눈꺼풀이 있는 전갱이의 눈

는 구조를 갖는다. 정어리, 고등어, 전갱이, 숭어 등은 투명한 기름눈꺼풀이 있고, 별상어, 흉상어 같은 상어류는 눈꺼풀 같은 순막을 가지고 있다. 물고기의 시력은 사람만큼 정밀하지는 않지만, 색상을 구분하는 원추세포와 명암을 구분하는 간상세포를 가지고 있다.

코와 콧구멍

물고기도 코가 있지만, 고등 척추동물의 코와는 생김새와 구조가 다르다. 물고기의 콧구멍은 피부가 움푹 들어간

전자리상어의 콧구멍 속 후각세포

주머니 모양이며, 먹장어를 제외하고는 입과 연결되어 있지 않다. 대부분의 경골어류는 두 개의 콧구멍을 가지고 있는데, 콧구멍으로 물이 통과할 때에 국화꽃처럼 생긴 후각세포에서 냄새를 맡는다.

아가미

물속의 산소를 흡수하여 숨을 쉬는 물고기는 아가미라는 특수한 구조를 가진다. 물고기는 물을 입으로 들이마시고 아가미를 통해 밖으로 내보내는 과정을 반복하며 아가미의 핏줄에서 물속에 녹아 있던 산소를 흡수한다. 그러나 아가미가 물고기들의 유일한 호흡기관은 아니다.

일부 물고기는 보조 호흡기관을 이용하기도 한다. 예를 들면 미꾸라지의 창자 호흡, 뱀장어의 피부 호흡, 가물치의 새실인후공기실 호흡 등으로, 아가미 호흡에만 의존하지 않고 피부 조직, 공기실과 같은 독특한 구조들을 활용한다. 어시장에 가면 큰 가물치들이 조그만 대야에 오랫동안 담겨 있

는데도 산소가 부족해
보이지 않는다. 가물치
들이 가끔 입을 수면으
로 올려 공기를 마시는
모습을 볼 수 있는데
이런 식으로 호흡을 이
어가기 때문이다.

— 새파
— 새궁
— 새열

아가미 구조

경골어류의 아가미 구조를 살펴보면 안쪽에는 아가미살
새열을 가진 새궁이 있고, 새열의 반대쪽에는 새파라는 돌기
물이 있다. 새열은 아가미의 붉은 빗살 같은 구조인데 가는
실핏줄로 물속의 산소를 흡수한다. 새파는 새열의 반대편에
발달한 돌기물이며 그 형태로 물고기의 식성을 알 수 있다.
육식성 물고기는 새파가 짧고, 플랑크톤을 걸러먹는 물고기
는 길고 촘촘하게 발달해 있다.

비늘과 피부

물고기는 자신의 피부를 보호하기 위하여 온몸을 비늘
로 덮고 있다. 비늘의 모양은 둥근 비늘, 빗비늘, 방패비늘
등 물고기의 종류에 따라 다양하다. 둥근비늘은 몸 밖으로

나온 가장자리에 별다른 가시가 없는 비늘을 말하며, 빗비늘은 노출되는 가장자리에 작은 가시들이 발달해 있는 비늘이다. 방패비늘은 상어나 가오리가 가지고 있는 독특한 형태의 비늘로 노출된 부분이 단단한 상아질로 덮여 있다.

민물에 사는 물고기는 대개 둥근 비늘이고, 경골어류는 대부분 노출부에 작은 가시들이 발달한 빗비늘을 가진다. 특이하게도 넙치는 눈이 모여 있는 쪽은 빗비늘, 눈이 없고 흰색을 띠는 쪽은 둥근 비늘로 한 몸에 두 종류의 비늘을 가지고 있다. 상어 비늘은 사람의 치아와 형태는 다르지만 같은 상아질로 덮여 있다. 철갑상어는 고생대 원시 어류 중 조기류가 가졌던 판자 모양의 마름모꼴 굳비늘을 아직도 가지고 있다.

이외에 뱀장어와 미꾸라지는 비늘이 퇴화되어 매우 작은데 피부에 파묻혀 있어서 손으로 만져 보면 마치 비늘이 없는 것처럼 매끄럽게 느껴진다. 가시복처럼 비늘이 바늘 모양으로 변형된 종도 있다. 전갱이나 전어, 준치 같은 어종은 일반 물고기 비늘보다 훨씬 딱딱하고 강한 비늘이 배 아래쪽이나 몸의 한가운데에 나 있는데 이를 모비늘^{능린}이라 한다. 가시 모양의 비늘이나 칼처럼 날카로운 모비늘은 자

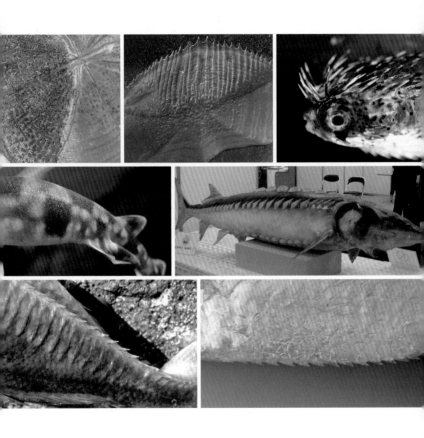

1 붕어의 둥근 비늘 2 도화돔의 빗비늘 3 바늘 모양으로 변형된 가시복의 비늘 4 두톱상어의 잔가시 같은 방패비늘 5 철갑상어의 굳비늘 6 전갱이 체측의 모비늘 7 준치의 배에 난 모비늘

신을 잡아먹으려는 포식자들로부터 스스로를 지키는 데 매우 유용하다.

원구류인 먹장어나 뱅어의 암컷처럼 아예 비늘이 없는 종도 있다. 이들은 다른 물고기의 몸이나 땅 속을 파고 들어가 먹이를 찾는 생태 습성이 있는 물고기 종류들로, 아마도 딱딱한 비늘이 불편해 퇴화된 것으로 보인다.

옆줄

물속에 사는 물고기들은 육상동물에는 없는 독특한 감각 기관이 있다. 바로 옆줄이다. 옆줄은 물의 흐름, 진동, 수압 등을 느끼는 기관으로, 대개 아가미 뚜껑 뒤에서 꼬리자루까지 몸 양쪽에 일직선으로 연결되어 있다. 간혹 놀래기류처럼 불연속적으로 발달하는 종도 있기는 하다. 또 쥐노래미, 줄노래미, 서대류 들처럼 옆줄이 여러 개인 종이 있는가 하면 정

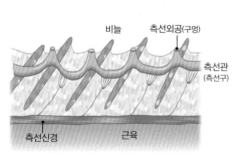

비늘　측선외공(구멍)

측선관
(측선구)

측선신경　　근육

물고기의 옆줄로, 물의 진동이 옆줄을 통해 신경으로 전달된다.

어리처럼 아예 없는 종도 있다.

지느러미와 꼬리

지느러미와 꼬리는 물속에서 살아가는 물고기들의 운동 기관으로, 육상동물의 팔과 다리를 대신한다. 지느러미는 물속에서 헤엄치거나 방향을 바꿀 때에 육상동물의 팔다리보다 훨씬 효율적이다. 즉, 물고기들은 지느러미와 몸통, 꼬리를 사용하여 헤엄을 치고 몸의 평형을 잡는다.

물고기의 지느러미는 좌우 쌍을 이루는 짝지느러미와 물고기가 곧게 앞으로 나아갈 수 있도록 돕는 수직지느러미가 있다. 가슴지느러미, 배지느러미는 짝지느러미이고, 등지느러미, 뒷지느러미, 꼬리지느러미는 수직지느러미이다. 종에 따라서는 등지느러미와 뒷지느러미가 두세 개인 것도 있고, 아귀처럼 먹이를 유인하기 위한 형태와 쥐치처럼 눕히고 세울 수 있는 가시형 지느러미로 변형된 것도 있다.

연어, 송어, 은어는 특이하게 등지느러미와 꼬리지느러미 사이에 살이 튀어나와 생긴 작은 기름지느러미가 있다. 그 외 복어나 쥐치 등은 등지느러미와 뒷지느러미를 좌우로 물결치듯 흔들면서 천천히 헤엄친다.

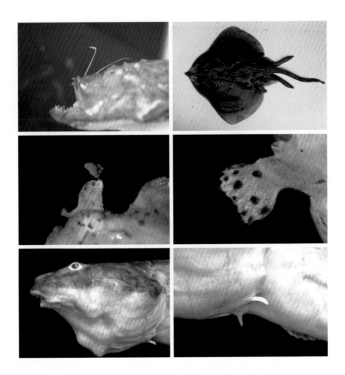

변형된 지느러미 1 낚싯바늘 같은 구조로 변형된 아귀의 등지느러미 2 가슴지느러미가 넓게 변한 홍어의 체반 3 낚시 미끼와 같은 구조로 변형되어 먹잇감을 유혹하는 빨강씬벵이의 앞쪽 등지느러미 4 마치 사람의 손처럼 변해 바닥을 길 때 사용하거나 해조류 줄기를 잡고 몸을 지탱하는 데 이용하는 빨강씬벵이의 가슴지느러미 5-6 벌레문치의 배지느러미는 거의 퇴화하여 조그만 돌기처럼 남아 있다.

전형적인 암반 정착성 어종인 노래미는 서식 환경에 따라 색이 변해 다양한 몸 색을 가진다.

몸 색

물고기의 몸 색은 종의 생태적 특징에 따라 달라진다. 예를 들면 주로 표층 가까이에서 떼를 지어 다니는 고등어, 방어, 멸치, 정어리 들을 '등푸른생선' 이라 하는데, 이들의 등이 푸른 이유는 천적이 많은 바다에서 살아남기 위한 생존 전략 중의 하나이다. 이들은 등이 푸르고 배는 은백색을 띠는데, 푸른 등은 위에서 보면 바닷물 빛에 섞여 잘 구별되지 않고, 배 쪽의 은빛은 물속에서 올려다보면 바다 속으로 투과되는 햇빛의 반짝임 때문에 잘 보이지 않는다. 주변 환경에 묻혀 몸 색이 잘 드러나지 않도록 함으로써 포식자로부터 자신을 보호하는 위장 전략인 셈이다.

갈조류, 홍조류 같은 해조류와 해면, 말미잘, 고둥 등 다양한 무척추동물들이 달라붙어 사는 연안의 암반 주변에

몸 색이 얼룩덜룩하고 몸에 돌기가 잘 발달된 점감펭은 암초에 숨어 살기에 적합하고(왼쪽), 등지느러미 끝이 산호의 폴립 모양으로 갈라진 황붉돔은 산호 속에 숨어 살기가 좋다(가운데). 넙치는 주로 모래뻘 바닥에서 살지만 종종 암석 위로 올라오기도 한다(오른쪽).

서 서식하는 노래미나 점감펭 등도 몸 색으로 자신을 보호한다. 노래미는 자신이 살고 있는 주위 배경에 따라 갈색, 적갈색, 회갈색 등 여러 가지 색깔로 몸 색을 변화시키고 점감펭은 주위와 유사한 몸 색과 피부에 난 돌기들을 이용해 몸을 숨긴다. 황붉돔노랑가시돔은 몸 색과 함께 갈라진 지느러미 끝의 피부 모양이 산호의 폴립과 비슷해 산호 속에 숨어지내기에 좋다.

　모래 바닥에 몸을 숨기고 사는 넙치, 가자미 들은 바닥의 색에 맞추어 자신의 몸 색을 변화시키기도 한다. 아귀 역시 체색과 턱 주위에 난 특유의 돌기들 때문에 바닥에 숨어지내기가 쉽다.

순환 기관과 삼투압 조절

물고기는 피가 차가워 스스로 체온을 조절하지 못하는 변온동물^{냉혈동물}로, 심장은 1심방 1심실의 폐쇄된 혈관계를 갖는다. 물고기의 피는 심장을 나와 아가미에서 물속에 녹아 있는 산소를 흡수하여 보충한 뒤 꼬리까지 갔다가 다시 심장으로 되돌아온다. 심장 박동은 어종, 나이, 물속의 산소 여건 등에 따라 달라지지만, 보통 1분당 10~100회인 것으로 알려져 있다. 예를 들면 뱀장어는 20~40회/분, 무지개 송어는 40~60회/분이다.

물고기는 사는 곳이 바다이든 강이든 자신의 체액 속 염분과는 다른 환경에서 살게 된다. 염분 농도가 다른 환경에 적응하기 위해서 스스로 체액과 물의 농도를 삼투 작용으로 조절한다. 이를 담당하는 기관이 바로 아가미와 콩팥이다. 염분이 30~34psu^{실용 염분 단위}로 자신의 몸속 체액 농도보다 높은 바닷물에 사는 물고기는 물을 많이 마셔 몸속으로 물을 흡수하는 한편, 염분은 아가미를 통해 몸 밖으로 내보내 삼투압을 조절한다. 이때 콩팥에서는 오줌의 배출을 가능한 한 줄여 수분의 배출을 막는다. 반대로 민물에 사는 물고기는 바깥의 물이 체액보다 염분이 적어 몸속으로 물이

경골어류의 내부 골격으로 바리류(왼쪽)와 청새치(오른쪽)

흡수되므로 물을 마시지 않는 한편 아가미에선 염분을 흡수
하고 콩팥에서는 오줌을 가능한 많이 내보낸다.

골격

물고기는 몸 안에 뼈가 있는 내골격 동물이다. 골격은
뇌를 보호하는 두개골, 입과 아가미를 열고 닫으면서 호흡
운동에 관여하는 머리의 내장골, 몸을 지지하는 척추와 각
지느러미를 지지하는 지지골로 이루어져 있다. 경골어류의
두개골은 대개 15~16종류의 뼈로 구성되어 있다. 내장골
은 단단한 경골을 주축으로 얇은 막골들로 이루어져 있으
며, 먹이 활동을 하는 구강과 호흡 활동을 하는 아가미 등은
복잡한 골격 구조를 이룬다.

물고기의
생활사

산란과 성장

물고기는 대부분 많은 수의 알을 낳는 것으로 그들의 알이나 새끼를 노리는 천적들의 공격을 피해 종족을 유지하고 번식시켜 왔다. 사람들은 밥상에 오른 생선의 알이나 텔레비전 다큐멘터리 프로그램에서 본 물고기의 산란 장면에 익숙해서인지 '물고기가 알을 낳는다'는 명제를 자연스럽게 받아들인다. 그러나 오랜 세월을 물속에서 살아온 물고기는 각자 자기 종족을 번식시키기 위한 나름의 번식 전략을 가지고 있다. 다양한 번식 방법도 그중의 하나로, 물고기는 종에 따

물고기의 번식 방법

체내수정	태생			망상어, 인상어, 별상어, 노랑가오리
	난태생	알로 탄생		괭이상어, 홍어
		새끼로 탄생		볼락, 조피볼락, 쏨뱅이류
체외수정 (난생)	침성난	비점착란		연어, 송어
		점착란	분리란	잉어, 붕어, 대구, 은어, 학공치
			밀집란	베도라치, 쥐노래미, 노래미
	부성난	유구(기름방울)가 있는 난		참돔, 넙치, 복어, 정어리
		유구(기름방울)가 없는 난		멸치

라 번식 방법이 다르다. 크게 새끼를 낳는 난태생卵胎生이나 태생胎生, 알을 낳는 난생卵生으로 나눌 수 있다.

30만~수백 만 개의 알을 낳는 참돔이나 150만~250만 개를 낳는 대구와 같이 알을 낳는 물고기는 한꺼번에 많은 수의 알을 낳는다. 이는 알들이 부화하고 성장하는 과정에서 대부분 다른 생물에 잡아먹히게 되므로 하나라도 더 살아남게 하기 위한 눈물겨운 생존 전략 중 하나이다.

알을 낳은 후에도 여러 가지 방법을 동원해 알을 보호한다. 조개의 아가미 속에 알을 낳는 납자루와 멍게 몸속에 알을 낳는 실비늘치처럼 다른 생물의 몸을 빌리는 종이 있는가 하면, 부화할 때까지 직접 알을 보호하는 것도 많다.

돌이나 조개껍데기에 알을 붙여 낳고 부화할 때까지 옆에서 보살피는 종으로는 자리돔, 파랑돔, 두줄베도라치, 앞동갈 베도라치, 청베도라치 등이 있으며, 평소 모래나 진흙 바닥에 구멍을 뚫고 사는 문절망둑, 풀망둑 같은 망둑어는 펄 속에 구멍을 파고 집을 만들어 그 속에 알을 낳고 지킨다.

알을 낳은 후 품어서 어느 정도 키워 세상으로 내보는 종도 있다. 해마나 실고기는 수컷의 배에 캥거루와 같은 육아낭育兒囊이 있어 암컷이 알을 낳으면 이를 받아 부화할 때까지 품고 다닌다. 수십 일이 지나 새끼가 부화하면 마치 수컷이 새끼를 낳듯이 수컷 배에서 새끼들이 튀어나온다. 줄도화돔이나 틸라피아는 수정된 알을 새끼주머니 대신 입 속에 머금고 보호하는데 이를 '구중부화'라고 한다. 알을 보호하기 위해 집을 짓는 가시고기와 거품집을 짓는 가물치도 있다. 이에 비해 알을 보호하는 습성을 지닌 종의 산란상에 몰래 자신의 알을 낳아 위탁시키는 얌체종도 있다. 민물고기인 가는돌고기는 꺽지가 산란해 놓은 곳에 자신의 수정란을 낳아 아무것도 모르는 꺽지 어미에게 제 알을 지키게 한다.

볼락류는 암수가 짝짓기를 해 수정된 알을 어미 배 속에서 부화시켜 밖으로 내보내는 난태생이며, 망상어는 짝짓

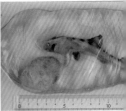

어미를 닮은 망상어 새끼(왼쪽), 양쪽 끝에 꼬불꼬불한 부착사가 있는 두툽상어의 알(가운데), 어미 배 속에서 난황을 달고 성장 중인 까치상어 새끼(오른쪽)

기로 수정된 알을 어미 배 속에서 부화시켜 일정 기간 그대로 품어 키워 세상 밖으로 내보내는 태생어이다. 상어나 가오리들은 짝짓기를 하고 어미 배 속에서 새끼를 부화, 사육하거나 수정된 알을 낳는 등 다양한 방법을 이용한다.

알에서 부화한 새끼 물고기^{부화 자어}는 대부분 배에 노른자^{난황}를 가지고 있다. 어미에게 받은 것으로 이를 영양분 삼아 일정 기간 동안 성장한다. 태어나자마자 먹이를 잡지 않아도 얼마간은 견딜 수 있도록 한 안전장치이다. 이 노른자를 모두 흡수하고 나면 스스로 먹이를 사냥하는데, 처음에는 크기가 작은 플랑크톤 등을 잡아먹는다.

대부분의 경골어류 새끼는 알에서 깨어날 때 어미의 모습과 차이가 있다. 이들은 성장하면서 점점 생김새가 변하여 어미의 모습을 갖추게 되는데, 이러한 형태적 변화를 '변

물고기의 여러 변태 과정 _투명한 버들잎 모양의 어린 새끼와 다 자란 붕장어(위), 투명한 몸과 큰 지느러미에 실 같은 지느러미 줄기를 가진 치어, 아직 몸은 투명하나 점차 색이 짙어지는 새끼, 완전히 자란 아귀(가운데), 양쪽에 눈을 가진 투명한 부화 자어, 바닥 생활로 전환하는 치어, 몸의 왼쪽으로 두 눈이 몰린 어미 넙치(아래)

태'라고 한다. 물고기의 변태 과정은 어린 새끼들이 살아남기 위한 전략의 하나로, 그 과정이 매우 신기하고 놀랍다. 물고기의 생태적 위치나 변태 과정을 찬찬히 들여다보면, 냉엄한 먹이사슬 속에서 종족을 보존하기 위한 치열한 생존 전략을 찾아볼 수 있는 한편 물속 세계에서 물고기들이 더불어 살아가는 지혜도 엿볼 수 있다.

예를 들면 해저 바닥에 살고 있는 넙치는 자신과 전혀 다르게 생긴 새끼 수만 마리를 바다 표층으로 올려 보내 부유생활을 하게 한다. 자신이 살고 있는 해저 바닥이라는 서식 공간에서는 다른 생물 종과의 과도한 경쟁을 피하고, 먼지처럼 작은 알과 부화한 새끼들을 다른 수층에 사는 다양한 종들에게 먹이 생물로 제공하여 서식 환경을 풍요롭게 만드는 것이다. 그 속에서 살아남은 강한 새끼만이 어미 곁으로 돌아와 종족을 유지한다. 어찌 보면 잘 짜인 자연 드라마의 각본이라 할 수 있겠다.

먹이와 먹이사슬

대부분의 생물체가 그렇듯이 물고기도 주변에서 쉽게 얻을 수 있고 자신이 소화시킬 수 있는 적당한 크기의 먹이를 선택한다. 다양한 종류의 먹이를 먹는 물고기들을 식성에 따라 플랑크톤 식성, 초식성, 육식성, 잡식성 등으로 나눌 수 있다. 그러나 뱅에돔이나 독가시치처럼 해역이나 계절이 바뀌면 먹이 종류를 바꾸는 종도 있어 이러한 경계가

의미 없는 종도 있다.

고래상어, 정어리, 전어, 해마 등이 플랑크톤 식성에 속하는데, 이들은 작은 식물과 동물플랑크톤을 먹는다. 해조류나 수초를 주로 먹는 초식성 물고기는 그리 많지 않다. 난류역에 살고 있는 독가시치와 벵에돔, 민물에 사는 은어와 초어 등을 꼽을 수 있다. 어려서 초식성이었던 독가시치와 벵에돔은 성장하면서 육식성이 강해지는가 하면 해조가 자라는 겨울철엔 초식성이 강하다가 여름철엔 동물성 먹이를 먹는 등 식성이 바뀌어 구분하기가 애매하다. 소라, 전복, 성게, 집게 등을 부숴 먹는 돌돔, 자신보다 크기가 작은 물고기를 잡아먹는 방어, 부시리, 다랑어, 백상어 들처럼 동물성 먹이를 먹는 종은 육식성 어종이라 한다. 개복치, 샛돔처럼 해파리를 즐겨 먹는 것도 육식성 물고기라 할 수 있다. 이에 비해 갯벌이나 물 표면의 유기물은 물론 갯지렁이, 새우 등 다양한 먹이를 탐하는 숭어는 잡식성 물고기라 할 수 있다.

모든 동물들이 생존과 종족 보존을 위해 먹이 활동을 하는 것은 자연스러운 일이다. 이러한 먹이 활동 속에는 자연의 법칙이 하나 숨어 있다. 햇빛을 받아 양분을 만드는 플랑크톤이 있으면 이들 플랑크톤을 믹고 사는 작은 물고기들과 무척추동물이 있고, 또 이들을 잡아먹는 좀 더 몸집이 큰 물고기와 무척추동물들이 있어 수중에서의 먹고 먹히는 포식자와 먹이 관계는 매우 복잡한 그물 모양을 나타낸다. 이를 먹이망food web이라고 한다.

예를 들면 식물플랑크톤을 동물플랑크톤이 잡아먹고 동물플랑크톤은 멸치, 정어리 등 플랑크톤 식성을 가진 작은 물고기들이 먹는다. 작은 물고기들은 방어, 다랑어와 같은 몸집이 큰 육식성 물고기들이 잡아먹는 식이다. 물속 세계에서의 먹이망은 식물, 초식동물, 육식동물로 이어지는 육상 생태계의 먹이망보다 더 복잡하게 나타난다.

노무라입깃해파리를 먹고 있는 말쥐치(왼쪽)와 뻘 바닥의 유기물, 갯지렁이, 새우 등을 먹는 숭어가 물 표면의 유기물을 먹으려 수면 위를 헤엄치고 있다(오른쪽).

함께 살기

물고기와 물고기 사이에 반드시 먹고 먹히는 관계만 있는 것은 아니다. 도움을 주고받으면 더불어 살아가는 종들도 있다. 예를 들어 청소놀래기는 덩치가 큰 바리류의 입과 아가미 사이를 드나들면서 청소해 준다. 손가락만 한 크기의 청소놀래기는 타고난 부지런함으로 물고기들의 입과 몸에서 음식물 찌꺼기나 기생충을 없애는 솜씨가 뛰어나다. 입을 벌린 채 청소를 도와주는 자바리와 능성어, 청소놀래기에 몸을 맡기고 있는 손바닥만 한 크기의 자리돔과 나비고기를 흔히 볼 수 있다. 바닷속 치과의사라는 별명을 가진 청소놀래기는 다른 물고기를 청소해 주고 어떤 대가를 받을까? 소문을 듣고 스스로 찾아오는 물고기들을 청소해 주면

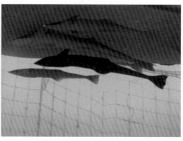

입을 벌리고 기다리는 덩치 큰 자바리의 입안을 들락거리며 청소하는 청소놀래기(왼쪽), 덩치 큰 고래상어의 배에 붙어 함께 이동하면서 먹이 찌꺼기 등을 먹는 빨판상어(오른쪽)

가재 굴의 입구를 지키는 실망둑류(왼쪽), 독침을 가진 말미잘 촉수 사이를 누비며 살아가는 흰동가리류인 크라운아네모네피시(오른쪽)

서 음식물 찌꺼기 같은 먹이를 쉽게 구한다. 먹잇감을 찾아 힘들게 돌아다니지 않아도 되니 서로 도움을 주고받는 관계가 틀림없다.

모래 바닥에 구멍을 뚫고 사는 바다가재와 망둑어의 공생 관계는 널리 알려져 있다. 망둑어는 가재가 파 놓은 굴에서 가재와 함께 숨어 지내다가 가재가 새로 굴을 뚫거나 보수 공사를 할 때면 다른 생물이 접근해 오는 것을 살피는 등 파수꾼 노릇을 한다. 서로 역할을 분담함으로써 몸집이 작은 두 종이 넓은 모래 갯벌에서 서로 도우며 살아남았다.

말미잘과 흰동가리의 관계도 독특하다. 독침을 가진 촉수로 작은 생물을 잡아먹는 말미잘과 작은 흰동가리가 함께 살아가기 때문이다. 흰동가리는 한번 말미잘 독침에 쏘이면 독에 대한 면역이 생겨서 오히려 무서운 독침을 숨기고 있는 말미잘 촉수 사이를 자유롭게 오갈 수 있다. 다른 동물들에게는 위협이 되는 말미잘의 촉수가 흰동가리를 보호하는 방패가 되는 셈이다. 흰동가리는 독특한 삶의 방식과 화려한 생김새 그리고 여러 세대가 모여 생활하는 모습 때문에 수족관이나 스쿠버다이버들에게 인기가 높다.

나이와 수명

물고기 나이는 비늘 위의 둥근테윤문, 척추골이나 이석耳石의 나이테, 지느러미줄기나 뼈에 나타난 나이테 등을 헤아려 보면 추측할 수 있다. 물고기도 수명이 긴 종이 있는가 하면 짧은 종도 있다. 수명이 짧은 물고기는 빙어, 은어, 뱅어 등으로 고작 1년 정도를 산다. 멸치의 수명이 2년 정도이고 정어리, 고등어, 전갱이 등도 2~3년으로 짧은 편이다. 이에 비해 미꾸라지의 수명은 20년 정도, 잉어 40년 이상, 뱀장

붕어 비늘에서 진하게 보이는 테가 윤문으로, 그 수를 세어 나이를 확인할 수 있다.

어 50년, 메기류 50~60년으로 장수하는 편이다. 사람이 기르는 사육 잉어는 100년 이상 산 기록도 있다. 바다 물고기 중에는 참돔, 돌돔 같은 돔류의 수명이 20~40년 정도로 비교적 오래 사는 것으로 알려져 있다. 그 외 상어류가 30~40년, 가오리류가 25년 정도, 대구가 약 10년쯤 산다.

회유

물고기가 알을 낳거나 좀 더 풍부한 먹이를 찾기 위해, 또는 생리적인 이유 등으로 한곳에 머무르지 않고 일정한 방향으로 이동하는 것을 회유回游, migration라고 한다. 회유하는 습성이 있는 물고기를 회유 어종이라 하며, 회유하는 이유에 따라 산란 회유, 색이 회유, 성육 회유, 계절 회유, 삼투 조절 회유, 양측 회유 등으로 구분한다.

| 산란 회유

알을 낳기 위한 이동을 말한다. 대부분의 물고기는 알에서 부화한 새끼들이 살기 적당한 곳에 알을 낳기 위해 산란장을 찾아 연안 또는 따뜻한 남쪽으로 이동한다. 연안성 어류보다는 외양성 어류가 먼 거리를 이동하게 된다. 산란을 하기 위하여 자기가 태어난 하천으로 돌아오는 '모천회

귀$_{母川回歸}$'를 하는 연어가 대표적인 산란 회유 어종이다. 우리나라 동해안으로 회귀하는 연어는 강에서 바다로 내려간 후 태평양으로 나가 미국 서부 연안 가까이까지 2만 킬로미터가 넘는 먼 거리를 돌아다니며 성장한 뒤 알을 낳으러 자신이 태어난 강으로 돌아온다. 반대로 뱀장어는 강에서 살다가 산란을 하러 멀고 깊은 바다로 이동해 간다. 이를 '원육 회유$_{遠陸回游}$, off-shore migration' 라고 한다.

| 색이 회유

바다에는 물고기 먹이가 고르게 분포하지 않아 대부분의 물고기가 먹이를 찾아 이동하게 된다. 다랑어, 새치류, 꽁치 등과 같이 물 속에서 수평 이동하는 종이 있는가 하면 샛비늘치처럼 낮과 밤 플랑크톤의 이동을 따라 수직으로 이동하는 종도 있다.

| 성육 회유

산란장에서 태어난 어린 물고기들은 일정 크기까지 자라면 어미가 사는 원래의 서식 장소로 돌아간다. 이처럼 성장한 후에 서식장을 옮겨가는 것을 성육 회유$_{成育回游}$라고 한다.

| 계절 회유

방어, 고등어, 참돔과 같은 물고기들은 계절이 바뀌면

자신이 살기에 적합한 수온대를 찾아 이동하는데 이를 계절 회유季節回游라고 한다. 봄철에 연안의 수온이 올라가면 손가락만 한 고등어, 전갱이 새끼들이 남해안의 얕은 연안, 작은 항구와 포구로 몰려와 가을까지 머물다가 초겨울이 되어 수온이 내려가면 따뜻한 적정 수온대를 찾아 수심이 깊은 곳이나 남쪽 바다로 이동한다.

| 삼투 조절 회유

강과 바다를 오가며 살아온 종들은 일정 기간이 지나면 강과 바다로 돌아가려는 생리적 요구를 가지고 있다. 한동안 바다에 살던 물고기가 강으로 올라가거나, 강에서 사는 물고기가 바다로 내려가는 것으로 숭어, 농어, 풀잉어 등에서 볼 수 있다.

| 양측 회유

은어는 알에서 부화한 새끼가 바다로 내려가 겨울을 보내고 봄이 되면 어린 물고기들이 강으로 되돌아온다. 이는 산란기에 이동하는 것과는 달리 어느 특정 시기에 바다와 강을 규칙적으로 오가는 회유이다. 산란을 목적으로 한 회유와 구분하여 양측 회유兩側回游라 부른다.

2 우리 바다
그리고 물고기

우리 바다의
환경과 종 다양성

　우리나라는 산이 많고 농토가 넓지 않은데 인구는 5000만 명이 훌쩍 넘어 인구 밀도가 높고 천연 자원은 턱없이 부족한 편이다. 식량도 예외는 아니다. 더구나 지금은 원활한 식량 공급은 물론이고 생활 수준이 높아지면서 늘어난 고단백 식품에 대한 수요를 충족시킬 수 있는 대안도 찾아야 하는 상황이다. 이를 충당하기 위한 공간으로 사람들은 바다로 눈을 돌렸다.

　삼면이 바다로 둘러싸인 우리나라는 연안에 넓은 대륙붕과 3300여 개에 달하는 많은 섬을 가지고 있다. 또 우리나라 바다에는 다양한 해류가 흐른다. 동해에서는 남쪽에서 올라오는 쿠로시오의 지류인 쓰시마 난류가 제주도, 남해안을 거쳐 동해로 들어와 울릉도와 독도에 이르러 동해안을 따라 북쪽에서 내려오는 북한한류와 만난다. 또 동해의 깊은 수심대에는 차가운 동해 고유수가 일 년 내내 존재한다. 최대 수심이 100미터가 되지 않는 얕은 바다인 서해에는 중앙에 냉수대가 일 년 내내 자리 잡고, 연안은 계절 변화에 직접적인 영향을 받아 계절별 수온 차가 심하다.

이처럼 우리 바다는 기온 변화가 큰 연안 환경과 다양한 해류의 영향을 받기 때문에 계절에 따른 수온 변화가 심하다. 또한 서해, 남해, 동해의 환경 특성이 달라 서식 어종도 각각 다르다. 자연히 어류의 종 다양성이 높아 한대성, 온대성, 아열대성 물고기를 포함해 약 1000여 종의 물고기가 우리나라 연근해에 살고 있다.

연안의 특성도 다양해서 한강이나 낙동강 같은 큰 강이나 하천과 연결되어 하구역이 발달한 곳, 도시나 공단이 조성되어 연안 환경을 관리해야 하는 곳, 남해안이나 제주도처럼 바위 해안이 발달된 곳, 동해안처럼 평편한 모래 바닥이 발달된 곳, 서해안처럼 수심이 낮고 갯벌이 넓게 펼쳐져 있는 곳 등 각각의 특색이 두드러진다. 이와 같이 연안의 환경이 다양하다는 것은 다양한 어류에게 알맞은 서식 공간을 제공할 수 있다는 것을 뜻한다.

각 해역마다 깊이도 다르다. 동해는 연안을 벗어나면 수심이 2000~4000미터로 깊고, 크고 작은 섬이 많은 남해는 수심이 200미터 이하로 얕고 넓은 대륙붕이 발달해 있다. 서해는 연안에 갯벌이 넓게 발달하고 수심이 평균 44미터로 얕게 형성되어 있다.

동해, 서해, 남해의 환경이 각각 특성을 지니므로 그 해역에 적응해 사는 물고기의 종류도 달라져 해역별로 어류상도 특색을 갖는다. 동해에는 따뜻한 물을 좋아하는 꽁치, 오징어 등과 찬물을 좋아하는 명태, 대구, 청어 등이 섞여 서식하고, 남해에는 멸치, 고등어, 전갱이, 방어, 말쥐치, 돔류 등 다양한 어종이 어울려 산다. 수심이 얕고 계절에 따라 수온 변화가 심한 서해에는 계절에 따라 먼 거리를 이동하는 참조기, 보구치, 수조기, 민어 같은 민어과 물고기와 삼치, 병어, 숭어, 농어, 가오리, 홍어류, 그리고 꽃게와 낙지 등 종 다양성이 풍부하다.

이처럼 우리나라 연안에 서식하는 어종의 다양성은, 전

세계적으로 해양생물의 다양성이 가장 높다고 알려진 필리핀, 인도네시아, 호주 북부 해역을 잇는 산호삼각지대Coral Triangle에 버금간다. 다양한 해양생물 종이 서식하는 우리 바다는 좋은 어장을 형성하고 있다. 어류는 육상의 가축과 함께 오랫동안 식용되며 인류에게 고단백질을 제공해 왔다. 최근에는 물고기를 식용하는 것 외에 관상어로 즐기거나 유어 낚시 대상어로 활용하는 등 다양한 형태로 보고 또 즐기고 있다. 이렇게 물고기와 사람들과의 관계는 점점 깊고 넓어지고 있다.

우리 바다의 물고기

우리나라 해역은 해역 환경의 특징에 따라 서해권, 동
해권, 남해권과 제주권으로 나누며, 전 해역에서 약 1000여
종의 물고기가 서식하는 것으로 알려져 있다. 서해권에는
참돔, 조피볼락, 농어, 조기류, 황복, 짱뚱어, 풀망둑 등 갯
벌에서 사는 어종과 봄이면 연안을 따라 북쪽으로 이동하면
서 산란 회유하는 민어류 등이 살고 있으며, 동해권에는 넙
치, 감성돔, 조피볼락, 층거리가자미, 은어, 대구, 명태, 청
어, 미거지, 뚝지, 도루묵 등 온대성 어종과 한대성 어종이
섞여 서식한다. 남해권에는 참돔, 감성돔, 돌돔과 같은 고급

돔류, 넙치, 볼락, 숭어, 농어, 복어 같은 온대성 어종과 아열대 어종들이 보이며, 제주권역에는 쿠로시오 난류의 영향을 받아 파랑돔, 청줄돔, 독가시치, 자리돔, 연무자리돔, 노랑자리돔 등 아열대, 열대 물고기들이 많이 서식하고 있다. 우리나라에 사는 물고기는 서식하는 해역의 환경에 따라 종구성에 차이를 보이는데, 지금부터 각 해역의 대표적인 물고기들을 만나 보도록 하자.

서해의 물고기

✔가숭어 *Chelon haematocheilus* (*Liza haematocheila*)

햇살을 받아 반짝이는 수면 위로 멋지게 뛰어오르는 점프 선수 숭어*Mugil cephalus*와 생김새가 닮은 가숭어는, 서울과 경기 지방을 포함한 서해안에서는 숭어보다 맛이 좋다고 하여 가숭어란 표준명보다 '참숭어'로 더 많이 불린다. 이들 지역에서는 오히려 숭어를 '개숭어'라고 한다. 숭어 눈에는 기름눈꺼풀이 있지만 가숭어는 눈꺼풀이 없으며, 크기는 60~80센티미터 정도이다. 서해안의 가숭어는 5~6월경에 산란을 한다. 연안, 강 하구를 돌아다

니면서 바닥의 뻘이나 규조를 긁어 머거나 갯지렁이, 새우 등을 먹고 산다. 영산강 하구의 몽탄 지방에서 만든 가숭어 알젓^{어란}은 조선 시대 때 숭어와 함께 임금께 진상했던 것으로 유명하다.

✔까치상어 *Triakis scyllium*
몸길이가 1.5미터까지 자

란다. 회색 바탕에 10개의
검은색 굵은 띠와 크고 작은
검은색 반점이 흩어져 있다. 주로 밤중에 연안의 뻘 바닥이나 해조가 자라는 바닥을 돌아다니며 물고기, 새우, 게를 잡아먹는다. 새끼를 낳는 태생어이며 서해안에서 잡힌 1.6미터 크기의 어미에게서 44마리의 새끼가 태어난 기록이 있다. 연안성 상어로 우리나라 남해와 서해, 동중국해, 인도양까지 널리 분포한다. 간혹 횟집 수족관에 관상용으로 전시하는 것을 만날 수 있다.

✔넙치 *Paralichthys olivaceus*
'광어'라는 이름으로 더 알려져 있다. 두 눈이 몸의 왼편으

로 쏠려 있어 오른편으로 쏠려 있는

가자미류와 구별된다. 입은 가자미

보다 매우 큰 편이고 양턱에는 강한

송곳니가 있다. 봄에 가까운 연안으로 나와 밤에 알을 낳는

데 대개 한 마리가 40만~150만 개 정도를 낳는다. 알에서

깨어난 새끼는 두 눈이 양쪽에 있어 보통의 물고기와 같지만

자라면서 오른쪽 눈이 왼쪽으로 옮겨간다. 크기는 1미터 내

외이다. 1980년대부터 양식을 시작해 지금은 양식 어종 가

운데 생산량이 가장 많다.

✔참홍어 *Raja pulchra*

우리 바다에 분포하는 11종의 홍

어, 가오리류^{가오리과} 중에서 1미

터 이상 자라는 대형 종이며, 주

둥이가 뾰족한 마름모꼴이다. 성

숙한 암컷과 수컷은 마주보며 서로 껴안

은 독특한 자세로 짝짓기를 하며, 단단한 껍질을 가진 직사

각형의 알을 20~80미터 수심대의 모래뻘 바닥에 한꺼번에

4~5개씩 낳는다. 전라도 지방에서는 삭힌 참홍어에 막걸리

참홍어는 주둥이가 뾰족하고 입과 아가미구멍이 배 쪽에 있으며(왼쪽), 수컷은 항문 양쪽에 교접기를 가진다(오른쪽).

를 곁들이는 '홍탁'과, 돼지고기 편육과 묵은 김치를 함께 먹는 '삼합'으로 즐긴다.

✔홍어 *Okamejei kenojei*

서해와 남해에 흔한 종으로, 지방에 따라 '간재미', '나무쟁이', '나무가오리' 라고도 불린다. 소형의 가오리과 물고기로 황갈색 또는 회갈색을 띠는데 등 쪽에는 갈색 반점이 흩어져 있고 배 쪽은 회백색이다. 여름부터 가을 사이 모래 속에 단단한 껍질로 싸인 3~5센티미터 크기의 알을 낳는다. 오징어, 새우, 게, 가재 등을 먹으며 크기는 30~40센티미터이다.

홍어 알(왼쪽)과 알에서 갓 깨어나온 홍어 새끼(가운데), 구조가 정교한 홍어 수컷의 교접기(오른쪽)

✔동갈돗돔 *Hapalogenys nitens*

몸은 갈색이고, 두 줄의 폭넓은 흑갈색 띠가 머리 뒤와 등 쪽에서 비스듬히 꼬리 쪽으로 그어져 있다. 몸은 단단한 비늘로 덮여 있으며, 50센티미터 정도까지 자란다. 수심 90미터이하의 얕은 모래뻘 바닥 부근에 살며 우리나라 남해, 일본규슈 연안, 타이완, 동중국해에 널리 분포한다. 봄, 여름의산란기에 맛이 좋으며, 낚시용과 식용으로 수입하고 있다.

동갈돗돔의 평상시 몸 색(왼쪽)과, 감정 상태에 따라 몸 옆면의 무늬가 연해진 상태(오른쪽)

✔짱뚱어 *Boleophthalmus pectinirostris*

겨울에는 뻘 속으로 30센티
미터 깊이의 수직굴을 파고
들어가 잠을 자고 봄이 되면
갯벌로 나온다. 오랜 기간 잠을 잔다고 '잠둥어' 라고 부르
다가 '짱뚱어' 가 되었다. 가슴지느러미가 변하여 생긴 '다
리' 로 뻘 위를 걸어 다니는 독특한 습성이 있으며, 갯벌에
서 포식자를 경계하며 살아가야 하기 때문에 눈이 머리 위
쪽에 달려 있다. 5~7월 사이에 알을 낳는데 이때 수컷은 자
기 영역 안에서 뻘 위로 20센티미터 정도 뛰어오르며 지느
러미를 크게 펴서 아름다움을 자랑하여 암컷을 유혹한다.
뻘 바닥을 파서 만든 굴속으로 암컷과 함께 가서 약 5000개
정도의 알을 천정에 붙여 낳는다. 크기는 20센티미터 전후
까지 자라며, 우리나라 갯벌에는 짱뚱어, 말뚝망둥어, 큰볏
말뚝망둥어, 남방짱뚱어가 산다.

✔풀망둑 *Synechogobius hasta*

서해안의 넓은 갯벌을 오르
내리면서 사는 망둑어로 문절

망둑과 닮았다. 꼬리가 가늘고 긴 편이며 몸길이가 40센티 미터 이상으로 자란다. 봄에 산란을 하고, 뻘 속에 Y자 모양 의 집을 짓고 산다. 연안, 하구 가까이 살며 때로는 강으로 올라가기도 한다. 일본, 중국, 우리나라 연안에 서식하며 특 히 서해안에 많다. 가을철 낚시에서 인기 있는 어종이다.

✔반지 *Setipinna taty*

인천, 경기 지방에서는 '밴댕이' 로 불리며 회가 유명하지만 표준  명은 '반지'이다. 몸은 누른색이며 체고가 높고 납작하다. 주둥이는 짧고 입이 크다. 참고로 주 둥이는 눈 앞에서 입 끝까지를 가리키며 입은 그냥 아래위 턱을 포함하는 입을 말한다. 젓새우, 요각류, 게 유생 등 플 랑크톤을 주로 잡아먹는다. 몸길이는 15~20센티미터 정도 이다. 서해에 살다가 가을이 깊어지면 남쪽으로 이동하여 겨울을 보내고 이듬해 봄에 다시 북쪽으로 돌아온다.

✔뱅어 *Salangichthys microdon*

바다와 강을 오가는 10센티미터 정도 크기의 작은 물고기이

디. 살아 있을 때는 몸이 반투명하다. 주로 바닷가에 있는 호수나 강 하구, 연안에 서식하는데, 우리나라에서는 연안 전역에 살고 있다. 암컷과 수컷의 생김새가 다르다. 수컷은 암컷보다 작고 뒷지느러미 옆으로 14~23개의 비늘이 한 줄 있는 데 비해 암컷은 몸에 비늘이 없으며 가슴지느러미와 배지느러미가 수컷에 비해 작고 가장자리 윤곽도 둥글다. 어미는 새우를 포함한 동물플랑크톤을 먹으며, 수명은 만 1년으로 알을 낳고는 죽는다. 최근 개체 수가 크게 줄어 시중에서 팔리는 '뱅어포'는 모두 베도라치류의 새끼로 만든 것이다.

✔흰베도라치 *Pholis fangi*

1930년대 중국에서 처음 기록된 종으로, 우리나라에는 1980년대 들어와 서해안에서 처음 흰베도라치란 이름으로 기록되었다. 생김새는 베도라치와 비슷하지만 등지느러미에 일정한 간격으로 흰색의 H자 모양 무늬를 가지고 있다. 바닥에 사는 저서성 어종이며 우리

나라에서는 여수 부근 남
해와 서해에 분포하는 것
으로 확인되었다. 동중국
해 북쪽, 발해만, 황해 연
안에 널리 살고 있다. 어

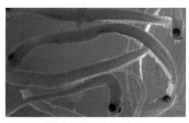

실치라고도 불리는 어린 흰베도라치

린 흰베도라치를 '실치'
라고 하는데, 대부분의 뱅어포가 이 실치로 만들어진다. 충
남 태안 지방에서는 봄에 실치 축제가 열린다.

✔병어 *Pampus argenteus*

납작한 마름모 모양으로 생겼으며
반짝이는 은빛 비늘을 갖고 있다.
입술이 없는 조그만 입은 모양이 우
스꽝스럽다. 덕대*Pampus echinogaster*와
닮아서 혼동하기도 한다. 아열대 어종인 병어와 온대종인
덕대는 모두 최장 60센티미터까지 자라는 것으로 알려져 있
지만, 우리나라 어시장에서는 병어와 덕대를 비교해 보면
병어는 40~50센티미터 정도가 많고 덕대는 25센티미터 전
후로 병어의 몸집이 큰 편이다. 우리나라에서는 황해, 남해,

동해 남부에 서식하며 인도양, 남중국해의 아열대 해역, 동
중국해까지 널리 분포한다.

✔삼세기 *Hemitripterus villosus*

우리나라 전 연안에 서식하는
종으로 경상남도에서는 '탱수',
강원도에서는 '삼숙이' 라고도

부른다. 몸은 초록색 또는 갈색을 띠며, 머리에 울퉁불퉁한
크고 작은 돌기가 있어 위장을 하고 바닥에 붙어산다. 수심
10~100미터 연안에서 새우, 게, 작은 물고기 등을 잡아먹
으며 산다. 얼핏 보면 쑤기미와 닮았지만 날카로운 지느러
미가시와 독이 없다. 크기는 30~40센티미터 정도이며, 피
부는 작은 돌기로 덮여 꺼칠꺼칠하다.

✔양태 *Platycephalus indicus*

서해안에서는 '장대', 부산에선 '낭태' 라고도 불린다. 머리
가 매우 납작하며 아가미 뚜껑 가장자리에 뿔 모양의 날카
로운 가시가 두 개 있다. 모래와 진흙이 섞인 얕은 바다에
산다. 수심이 깊은 바닥에 몸을 파묻고서 겨울을 나며 수온

이 올라가는 봄부터 활동하
기 시작한다. 새우, 게, 오
징어, 문어 등 바닥에 사
는 작은 동물이나 물고기
를 먹고 사는 육식성 물고
기이다. 크기는 50~70센

옆모습은 날씬하지만(위), 등 쪽에서 보
면 머리가 크고 꼬리 쪽으로 갈수록 날
씬해진다(아래).

티미터이며 성전환을 한다. 처음에는 수컷이었다가 암컷으
로 성을 바꾸는데 50센티미터 이상의 크기는 모두 암컷이
다. 우리나라 연안 전역에서 만날 수 있다.

✔전어 *Konosirus punctatus*

'봄 숭어, 가을 전어'란 말이 있
듯이 가을이면 고소한 맛으로
인기가 높다. 배 아래쪽 가운데 선

을 따라 날카롭고 강한 모비늘이 나 있으며, 몸길이는 25센
티미터 전후이다. 담수의 영향을 받는 강 하구역이나 내만內
灣에 많이 서식한다. 우리나라 전 연안, 일본, 발해, 황해로
부터 인도양, 중부 태평양에 널리 분포한다. 회나 구이의 인
기가 높고, 남해안에서는 '밤'이라 불리는 위와 내장으로 만

든 '전어밤젓'과 통째로 담근 '전어젓'이 유명하다.

✔조피볼락 *Sebastes schlegelii*

흔히 '우럭'이라 부르며, 70센티
미터까지 자라는 대형 볼락류
이다. 몸은 황갈색, 흑갈색, 회
갈색 등 다양한 색을 띤다. 수심
10~100미터 사이의 연안 암초
밭에 주로 살고 있다. 우리나라
의 모든 바다에서 만날 수 있는
데 특히 서해에 많다. 어류, 갑각

조피볼락 성어(위)와 색이 연하고 무늬
가 뚜렷한 어린 개체(아래)

류, 오징어류 등을 먹는 육식성 물고기이며 그중에서도 물
고기를 특히 좋아한다. 난태생어로 암컷과 수컷이 겨울에
짝짓기를 하여 이듬해 봄에 수십만 마리의 새끼를 낳는다.
1990년대부터 양식을 시작하여 넙치 다음으로 양식 생산량
이 많다. 낚시 대상 어종으로 인기가 높다.

✔황해볼락 *Sebastes koreanus*

1994년 우리나라에서 신종으로 발표되었으며 크기가 15센

티미터 전후인 소형 볼락류이다. 서해안에만 서식하며, 이곳에서는 그냥 '볼락'이라고 부른다. 몸은 황갈색이며 윤곽이 뚜렷하지 않은 3∼4개의 갈색 가로띠와 뺨에 그어진 3개의 줄무늬가 특징적이다. 우럭 낚시에 섞여 잡히기도 하는데 식품으로서는 인기가 낮다.

✔준치 *Ilisha elongata*

'썩어도 준치'라는 속담에서 알 수 있듯이 예로부터 독특한 맛으로 높이 평가받아 왔다. 특히 남해와 서해에서 맛 좋은 생선으로 꼽힌다. 몸은 납작하며 큰 입은 위를 향해 열린다. 살 속에 잔가시가 많고 몸길이는 50센티미터에 이른다. 배 아래쪽에 날카로운 모비늘이 줄지어 있다. 모래뻘 바닥의 얕은 곳에 살며, 새우나 작은 물고기를 먹고 4∼7월에 남해안의 큰 하천이나 하구에서 알을 낳는다. 우리나라 서남해안, 일본 남부, 중국 발해, 타이완 연안에서 말레이시아, 인도까지 널리 분포한다.

✓쥐노래미 *Hexagrammos otakii*

흔히 '노래미'라고도 부르며, 지방에 따라 서해 '놀래미', 부산 '게르치', 강릉 '돌삼치'라고 달리 불리기도 한다. 몸은 짙은 회색이지만 서식 장소에 따라 황갈색, 회갈색, 자갈색 등 다양한 색을 띠기도 하며 산란기의 수컷은 노란색을 띤다. 눈 위와 머리에 난 돌기가 귀처럼 보이지만 피부돌기이다. 옆줄이 5개 있으며, 50센티미터 이상 자란다. 작은 새우나 게류, 지렁이, 어류 등 바닥에 사는 동물을 주로 먹는 식성 좋은 물고기이다. 우리나라 전 연안에 분포한다. 서울과 경기 지방에서 회로 인기가 높아 중국에서 수입하기도 한다.

쥐노래미(왼쪽)와 산란기에 혼인색을 띤 채 알 덩어리를 지키고 있는 수컷(오른쪽)

✔참조기 *Larimichthys polyactis*

민어, 수조기, 보구치, 강달이 등과 함께 민어과에 속하는 물고기이며, 말린 것이 '굴비'이다.

맛이 좋고 영양이 풍부해 노인과 어린이의 영양식으로 안성맞춤이다. 기운을 북돋운다는 뜻에서 '조기助氣 또는 朝起'라고 부르게 되었다는 기록이 있다. 부세*Larimichthys crocea*와 생김새가 비슷하다. 배 쪽은 부세와 마찬가지로 황금색의 둥근 세포기관이 발달하여 아름다운 노란색을 띠지만, 최대 75센티미터까지 자라는 부세에 비해 참조기는 40센티미터 이상 자란 개체가 드문 소형종이라 구분된다. 봄철이면 알을 낳기 위해 우리나라 서해안을 따라 북쪽으로 회유하는데 이때 '부욱부욱' 하는 소리를 낸다. 우리나라의 남해와 황해, 그리고 동중국해에 널리 분포한다.

✔민어 *Miichthys miiuy*

참조기, 부세, 보구치, 수조기, 강달이 같은 조기류와 함께 농어목 민어과에 속하는 물고기로,

크기가 1미터 이상 자라 무리 가운데 가장 몸집이 크다. 부레가 두껍고 크며 '부욱부욱' 소리를 내기도 한다. 수온이 섭씨 15~25도 범위인 해역의 표층에서 수심 120미터인 저층까지 폭넓은 수층에 서식하며 새우, 멸치류, 조기류 등의 작은 물고기, 오징어 등을 잡아먹는다. 여름부터 산란하는데 남해안은 7~8월, 경기만은 9~10월로 알려져 있다. 여름철에 가장 맛있으며 노약자나 병약자의 보신용으로 이용된다. 우리나라 서해, 동중국해에 널리 서식한다.

✔보구치 *Pennahia argentata*

흰색을 띠어 '백조기'라고도 부르는 조기류이다. 표준명 '보구치'는 '보굴보굴' 소리를 낸다고 하여 붙여진 이름이다. 아가미 뚜껑 위에 커다란 검은 점이 있다. 5~8월 사이에 앞바다에 몰려와 알을 낳는다. 새끼 때 요각류와 같은 플랑크톤을 먹다가 크면 새우, 게, 갯가재, 곤쟁이류, 오징어, 물고기 등 동물성 먹이를 먹는다. 30~40센티미터 정도 자란다. 참조기나 부세보다 맛이 떨어진다. 서해, 남해, 제주 연안 앞바다의 모래 바닥에 서식하며, 겨

울에는 제주도 서남방 해역으로 이동하여 월동한다.

✔황복 *Takifugu obscurus*

몸이 누른색을 띠어 '황복'이
라 한다. 산란을 위하여 강으
로 돌아오는 유일한 복어로, 임진강,
한강, 만경강 등 서해안 하천으로 올라온다. 알은 지름이
1.5밀리미터 전후이고 약한 점착성을 가지며 모래자갈 바닥
에 낳는다. 강에서 부화한 새끼들은 바다로 내려가 일생을
보낸다. 먹이로는 물고기와 새우 같은 갑각류 등을 즐긴다.
45센티미터 전후까지 자라며, 우리나라 서해안과 중국 연안
에 서식한다. 근육에는 독이 없지만 알, 간, 내장에 강한 독
이 있어 전문 요리사가 아니면 요리할 수 없다.

동해의 물고기

✔개복치 *Mola mola*

둥근 구멍처럼 생긴 입, 마치 꼬리 뒷부분이 뭉툭 잘려나간
것 같은 몸의 형태가 매우 특이하다. 비늘은 없지만 껍질이
매우 두껍고 신축성이 있다. 꼬리지느러미는 8~9개의 골판

다이버와 함께 유영하는 개복치(왼쪽)와 개복치 박제(오른쪽)

을 가진 형태로 변형되었으며, 등지느러미를 돛처럼 물 밖
으로 내놓고 헤엄치기도 한다. 극지와 열대 바다를 제외한
온대, 아열대의 전 대양을 회유하며 살아가는 물고기이다.
대양을 떠다니다가 물 표면에 누워서 쉬기도 한다. 플랑크
톤, 물고기, 연체동물, 갑각류 등 다양한 먹이를 먹는데, 해
파리를 먹는 종으로도 유명하다. 한 번에 1억 개가 넘는 알
을 낳아 가장 많은 알을 낳는 물고기로 기네스북에 올라 있
다. 동해안에서는 회로 먹거나 익혀서 먹는데 우윳빛 흰 살
의 맛이 깔끔하다.

✔까나리 *Ammodytes personatus*

동해에서는 '양미리', 서해에서는 '까나리', 남해에서는 '곡

멸'이라고도 부른다. 남반구에
는 없고 북반구의 온대 바다에만
살고 있다. 모래 속을 파고 들어가는 것
을 좋아하여 여름이면 모래 바닥 속에 들어가 여름잠을 잔
다. 밤이 되거나 위험을 느낄 때도 모래 속으로 파고든다.
겨울에서 초봄 사이에 모래 속에 알을 낳는다. 서해안에서
잡히는 까나리는 손가락만 한 데 비해 동해에서는 꽁치만
한 것이 잡힌다. 마치 다른 종으로 보일 만큼 크기 차이가
나서 분류학적 연구가 진행 중이다. 서해의 까나리 액젓과
동해의 말린 까나리^{양미리}가 지방 특산물로 유명하다.

✔꽁치 | *Cololabis saira*

몸은 가늘고 긴 원통형이며,
등은 검푸른 색이고 배는 은백색
이다. 크기는 30센티미터 정도이며, 주둥이가 짧고 뾰족하
며 단단하다. 봄에 동해안으로 떼를 지어 몰려와 산란한다.
물에 떠 있는 모자반 사이에 알을 낳기 때문에 이때를 노려
맨손으로 꽁치를 잡는 '손꽁치 어업'이 이루어진다. 동해와
남해에 서식하며, 북태평양 해역에 분포한다.

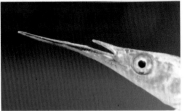

학공치는 몸이 길고 아래턱이 길쭉하게 돌출되었으며(왼쪽) 그 끝은 붉은색을 띤다(오른쪽).

✔학공치 *Hyporhamphus sajori*

입아래턱이 학의 주둥이 모양으로 길게 튀어나와 학공치란
이름이 붙여졌다. 봄철 산란기가 되면 어미 학공치는 떠다
니는 해조 등에 약 3000개의 알을 낳아 붙인다. 알 표면에
부착사가 있어 해조나 물 속 장애물에 잘 엉켜 붙기 때문에
덩어리져 고정된 상태로 발생한다. 부화 후 3~4일이 지나
면 소형 갑각류와 요각류의 유생을 먹기 시작하며, 성장함
에 따라 입 크기에 맞는 동물플랑크톤을 주로 먹는다. 크기
는 40센티미터 정도이며, 아래턱 끝은 붉은색을 띤다. 우리
나라 연안 전역과 사할린, 일본 홋카이도에서 타이완까지
널리 퍼져 살고 있다.

날치 성어(왼쪽)와 지느러미를 활짝 펼치면 마치 나비 같이 보이는 날치의 새끼(오른쪽)

✔날치 *Cypselurus agoo*

날아다니는 물고기라 하여 붙여진 이름이다. 보통은 수면에서 50~90센티미터 정도 떠서 나는데 3~10미터까지 날아오르기도 한다. 시속 70킬로미터로 비행하며 100~200미터 정도에서 최고 500미터를 날아간 기록도 있다. 가슴지느러미는 몸길이의 약 80퍼센트에 이를 정도로 커서 활짝 펴면 마치 새의 날개처럼 보인다. 몸길이는 35센티미터까지 자란다. 표층에서 30미터 정도의 얕은 바다에 주로 살고 있다. 동해 중부 이남, 남해, 제주도에 서식하며, 타이완 연안에도 분포한다.

✔대구 *Gadus macrocephalus*

대구는 입이 큰 고기라 하여 붙여진 이름이다. 차가운 물을 좋아하는 물고기로 어미는 수심 100~500미터 정도의 깊은 바다에 산다. 우리나라 동해에  많지만 서해에도 별도의 무리가 서식한다. 대개 3~4년 자란 후에 산란을 하는데 한 마리가 150만~400만 개 정도의 많은 알을 낳는다. 알은 겨울에 낳으며 경북 영일만과 경남 거제 앞바다가 산란장으로 알려져 있다. 머리가 크고 아래턱 밑에 수염이 있으며 등지느러미가 3개, 뒷지느러미가 2개인 것이 특징이다. 크기는 1.2미터 정도까지 자란다.

✔명태 *Theragra chalcogramma*

신선한 것은 '생태' 또는 '선태', 얼린 것은 '동태',  말린 것은 '북어', '코다리', '먹태', 겨울철에 얼리면서 말린 것은 '황태' 등 여러 가지 이름으로 불린다. 이외에도 2~3년 된 어린 명태는 '노가리'라고 한다. 크기는 80~90센티미터 정도까지 자라며, 표층부터 수심 500미터까지 넓은 수층에 걸쳐 서식하는 한대성 물고기이다. 주로 겨울에 알을 낳는데 우리나라에서는 12~3월에 동해안의 함경남도와 강원도 원산, 서해의 옹진 연안에서 산란하는 것으로 알려져 있다. 암컷 한 마리가 20만∼200만 개의 알을 낳으며 그 알은 물에 흩어져 떠다니면서 부화한다. 갑각류 등 여러 종류의 동물성 먹이를 먹는데 특히 곤쟁이류를 많이 먹는다. 우리나라 동해 중부 이북, 베링 해, 오호츠크 해, 북미 대륙 북부 연안 등 북태평양에 산다. 우리나라와 일본에서 살로 만든 어묵과 알로 만든 명란젓의 소비가 늘면서 자원량이 급격히 줄어들었다.

✔도루묵 *Arctoscopus japonicus*

지역에 따라 여러 이름으로 불리는데 동해안에서는  '도루매이', '도루맥이', '활맥이', '환목어', '돌메기', 함경도에서는 '은어' 라고 부른다. 수명은 5∼7년 정도이며 어린 멸치류, 명태알, 명태 치어, 해조류, 요각류 등의 플랑크톤을 먹고 산다. 여름철에는 수심 200∼350미터 정도 깊이의 모래가 섞인 펄 바닥에 살다가 산란기인 11월 하순에서 12월이 되면 바다풀이 무성한 수심 1∼10미터 정도의 얕은 동해 연안으로 몰려나와 알을 낳는다. 우리나라 동해안, 일본 도후쿠, 홋카이도 동부 지방, 사할린, 캄차카에 사는 한대성 어종이다.

✔뚝지 *Aptocyclus ventricosus*

강원도 연안에서는 '도치', '씬퉁이'
라고도 부른다. 몸이 공처럼 둥글
며 크기는 35센티미터 정도까지
자란다. 우리나라 동해안에서 베링 해
까지 널리 살고 있는 한대성 물고기로, 수심이 100~200미
터 정도인 깊은 바다에 살다가 겨울철이면 산란을 위하여
동해의 얕은 연안으로 몰려온다. 한때는 잡어로 취급되었지
만 최근에는 맛과 향이 아귀와 비슷하여 겨울철의 별미 어

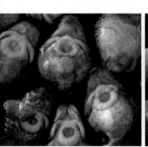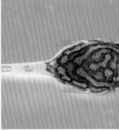

흡반 모양으로 변형된 뚝지의 배지느러미(왼쪽), 서로 단단히 엉켜 붙어 있는 알덩이(가운데), 올챙이 처럼 생긴 어린 새끼(오른쪽)

종으로 관심을 모으고 있다.

✔연어 *Oncorhynchus keta*

단풍이 붉게 물들 무렵에
3~5년 전 자기가 태어
난 하천으로 돌아오는 습
성₂천 회귀성을 지닌 물고기이다.

아래턱이 갈고리처럼 휘어진 연어 수컷

9~12월경 동해안과 남해안 하천 중상류로 올라와서 바닥
의 자갈을 파고 알을 낳는다. 몸길이는 40~90센티미터 정
도이며, 찬물을 좋아한다. 산란기가 되어 모천으로 돌아오
는 어미는 몸빛이 검게 변하면서 옆면에 붉은색, 초록색, 검
은색의 구름무늬가 나타나고, 수컷은 주둥이가 앞으로 튀어
나와 갈고리 모양으로 휘어진다. 근육은 먹이인 새우, 게 등
갑각류로부터 흡수한 '아스타크산틴'이란 색소가 침착되어
붉은색을 띤다. 우리나라에서 일본 중부 이북, 캄차카, 알래
스카, 캐나다, 미국 북부까지 북태평양에 서식한다.

✔임연수어 *Pleurogrammus azonus*

"임연수어 껍데기를 구우면 집 나간 며느리가 돌아온다"는

말이 있을 정도로 노릇하게
구워진 껍질 맛이 일품이다.

극지방에서는 150~500미터
정도의 깊은 수층에 무리를 짓고, 우리나라에선 수심 20~
100미터 암초 지대에 모여 산다. 쥐노래미류 중에서는 독특
하게 부레가 있어 자유롭게 떠다니면서 살고 다섯 줄의 옆
줄이 있다. 정어리, 전갱이, 고등어, 명태 새끼 같은 어류와
물고기 알, 오징어, 새우, 게, 곤쟁이, 저서동물 등을 주로
먹는 육식성 물고기로, 50센티미터 정도까지 자란다. 우리
나라 동해안 중부 이북, 속초, 강릉, 삼척 연안에 흔하고, 일
본 홋카이도, 오호츠크 해, 북극, 남극 주변에 서식한다.

✔참가자미 *Pleuronectes herzensteini*(*Pseudopleuronectes herzensteini*)

눈이 없는 쪽은 흰색이며, 등지
느러미, 뒷지느러미 중앙부터
꼬리자루까지 기저부를 따라
V자 형으로 노란색을 띤다. 눈
이 있는 쪽의 비늘은 빗비늘, 없는 쪽의 비늘은 둥근 비늘이
다. 연안의 수심 150미터 이내 사니질모래와 진흙이 섞인 토질 바

닥에서 젓새우, 플랑크톤, 어류, 갯지렁이 등을 먹고 산다. 봄철 산란기에는 얕은 곳으로 이동해 여름 동안 머물다가 가을이 깊어지면 깊은 곳으로 다시 옮겨간다. 40센티미터 정도까지 자라는데 몸길이가 15센티미터 정도면 알을 낳기 시작한다. 보통 한 마리가 3000~10만 개 정도의 알을 낳는다. 우리나라 연안 전역과 일본, 동중국해에 분포한다.

✔기름가자미 *Glyptocephalus stelleri*

몸이 부드럽고 연하며 표면이 매끄러워서 동해안에서 '물가자미', '미주구리'라고도 부른다.

기름가자미 성어(위)와 7센티미터 크기의 새끼(아래)

몸은 긴 타원형이며 약간 붉은빛을 띤 갈색이고 지느러미는 검은색이다. 찬물을 좋아하며 비교적 깊은 바다에서 살고, 갯지렁이, 새우, 오징어, 요각류와 같은 동물플랑크톤 등을 먹는다. 성장은 매우 느린 편으로 알에서 새끼로 태어난 지 만 1년이 지나야 몸길이가 5센티미터 정도로 자란다. 어시장에는 30센티미터 전후의 크기가 흔하지만 50센티미터까지 자란다. 북태평양, 오호츠크 해부터 우리나라 동해까지 널리 서식한다.

✔황볼락 *Sebastes owstoni*

동해 연안 수심 100~300미터의 깊은 바다에 사는 한대성 볼락류이다. 다른 볼락류처럼 새끼를 낳는 난태생이며, 크기는 15~25센티미터 정도이다. 몸은 긴 타원형이고 검붉은 빛을 띤 황갈색이며 몸 옆에는 희미한 네 줄의 갈색 가로띠가 있다. 우리나라 동해 중북부, 일본 홋카이도, 오호츠크 해에 서식한다.

✔황어 *Tribolodon hakonensis*

대부분의 잉어과 물고기가 민물에 사는 것과 달리 황어는 바다로 내려간 종이다. 연어처럼 하천에서 태어나 바다로 내려가 살다가 산란기에는 떼를 지어 하천으로 되돌아오는 습성을 지녔다. 산란기인 봄철에는 아름다운 붉은빛의 혼인색을 띠며 몸 옆면에 검은색 세로띠가 나타난다. 모래와 자갈이 깔린 얕은 하천의 중상류 바닥에 수컷이 바닥을 파서

황어 성어(왼쪽)와 산란기가 되어 붉은색이 도는 혼인색을 띠고 세로띠가 나타난 개체(오른쪽)

산란장을 만들면 암컷이 그곳에 알을 낳는다. 크기는 50센
티미터에 이르며, 남해와 동해안에 서식한다.

✔달고기 *Zeus faber*

몸 옆구리에 회색 테두리를 두른 보름달처럼 커다랗고 둥근
흑갈색 점이 있어 '달고기'라는 이름이 붙여졌다. 남해안에
서는 '전갱이', '허너구'라고도 부른다. 몸은 은회색을 띠는
납작한 타원형이고 등지느러미 줄기가 길다. 사촌격인 민달

몸에 검은 점이 있는 달고기(왼쪽)와 몸에 검은 점이 없는 민달고기(오른쪽)

고기는 몸에 반점이 없다. 입이 큰 고
기가 대개 그러하듯 달고기도 대식가
로 한 번에 먹을 수 있는 먹이의 양이
체중의 약 75퍼센트에 이른다. 먹이로

달고기 새끼

는 동갈돔, 쌍동가리류 같은 물고기와 오
징어, 새우, 게 등 저서생물을 먹는다. 우리나라 서해, 남해
와 동해에서 난류의 영향을 받는 해역, 특히 독도와 울릉도
에서 자주 만날 수 있다. 달고기의 살은 희고 맛이 담백하여
한때는 넙치 회를 대신하기도 했다.

✔혹돔 *Semicossyphus reticulatus*

머리에 사과만 한 혹이 나 있어
'혹돔'이란 이름이 붙여진 물고
기로, 남해안에서는 '웽이'라고도

부른다. 놀래기류이지만 몸길이가 1미터 정도로 커서 '돔'
이란 이름을 가지게 되었다. 자라면서 수컷의 윗머리와 아
래턱이 혹처럼 불룩하게 튀어나오며, 양턱에는 굵고 강한
송곳니가 듬성듬성 발달하여 소라, 고둥 등 단단한 먹이를
부숴 먹는다. 낮에 활동하다가 밤이면 바위틈이나 굴속에서

몸에 흰 선이 뚜렷하고 이마의 혹과 턱이 발달하지 않은 어린 혹돔(왼쪽)과, 이마와 턱이 크게 발달한 일본 사도섬의 늙은 수컷 혹돔(오른쪽)

잠을 잔다. 수산 어종으로는 가치가 낮다. 우리나라 남해와 제주도 해역, 일본 남부, 중국 남부의 온대, 아열대 해역의 암반 지대에 서식한다.

남해 물고기

✔감성돔 *Acanthopagrus schlegeli*

어린 감성돔은 강원도 '남정바리', 전라남도 '비드락', 서해 '배디미', 남해안 '살감싱이', 제주 '뱃돔' 등 으로 지역에 따라 달리 불린다. 자라면서 성을 전환하는 물고기로 유명한데, 몸길이가 25~30센티미 터쯤 되는 2~3살까지는 수컷이었다가 4살이 넘어 40센티

손가락 정도 크기의 감성돔 새끼는 약간 노란색을 띤다

미터 이상으로 커지면 암컷으로 성을 바꾸는 개체가 나타나기 시작한다. 보통은 60~70센티미터 정도까지 자란다. 새우, 게류, 갯지렁이류, 조개류, 소형 갑각류, 어류 등 다양한 먹이를 잡아먹는다. 우리나라 연안 전역, 일본 홋카이도 이남과 규슈, 동중국해, 남중국해, 타이완 등지에 널리 분포하며 낚시 대상 어종으로 인기가 높다.

✔고등어 *Scomber japonicus*

흔히 '고등어'라 불리는 물고
기는 엄밀하게는 두 종류로
나뉜다. 복부에 반점이 없는

고등어*Scomber japonicus*와 복부에 반점이 있는 망치고등어 *Scomber australasicus*이다. 어뢰 모양의 날씬한 체형에 등은 청록색이며 구불구불한 검은색 물결무늬가 있고, 배 쪽은 무늬가 없으며 흰색이다. 우리나라에서는 2~3월경 제주도 연안에 나타나 차츰 북쪽으로 이동하며 5~7월에 알을 낳는다. 남해안에서 여름을 보내고 찬바람이 불기 시작하는 늦가을이면 겨울을 나기 위하여 남쪽으로 다시 이동하는 회유성 물고기이다. 먹성이 좋아 새우, 곤쟁이, 요각류 같은 부유성 갑각류와 멸치 같은 소형 물고기를 닥치는 대로 잡아먹는다. 유럽의 지중해, 캐나다의 뉴펀들랜드에서 남쪽의 호주, 뉴질랜드까지 수온이 섭씨 10~22도 정도인 따뜻한 바다에 산다. 등푸른생선으로 살에는 발육을 촉진하는 단백질인 '히스티딘'이 풍부하다. 전갱이의 약 3배, 감성돔의 약 100배나 함유하고 있다. 다만 신선도가 떨어지면 독성을 가진 히스타민으로 바뀌어 알레르기를 일으키기도 한다.

✔갯장어 *Muraenesox cinereus*

'참장어', '이빨장어'라고도 한다. 큰 입과 아래위 양턱에 있는 두세 줄의 날카롭고 뾰족한 이빨 때문에 바다의 뱀처럼 보인다. 생김새처럼 성질도 사납다. 날카로운 이빨 중에서도 앞쪽의 큰 송곳니는 물리면 손가락에 구멍이 날 정도로 강하다. 한번 물면 절대로 놓지 않아서 조심히 다루어야 한다.

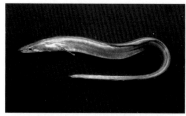 

갯장어 성어(왼쪽)와 날카로운 이빨(오른쪽)

✔밴댕이 *Sardinella zunasi*

지방에 따라 '반댕이', '뛰포리', '청띠푸리'라고도 부른다. 인천, 경기도에서는 '반지'를 '밴댕이'라고 부르기도 하는데 밴댕이와는 다른 종이다. 납작한 배 중앙선 위에 날카로운 모비늘이 있으며, 크기는 10~15센티미터 정도까지 자란다. 동물플랑크톤, 갯지렁이, 새우 등 동물성 먹이를 먹으며 떼를 지어 산다. 봄부터 가을까지는 수심이 얕은 만이나 하구 부근에 머물다가 겨울이
되면 수심이 20~50미터인
연안, 만 중앙부로 이동하여 겨
울을 난다. 우리나라 서남해 연안과 일본, 중국, 필리핀, 동
남아시아 연안에 서식한다. 매우 납작하게 생겼으며 물 밖
에 나오면 바로 죽어서 이를 빗대어 속이 좁고 얕아 잘 삐지
는 사람을 '밴댕이 속', '밴댕이 소갈머리'라고 한다. 멸치
처럼 말려서 국물을 낸다.

✔별상어 *Mustelus manazo*

몸의 등 쪽과 옆줄을 따라
별 같은 흰점이 있어 '별
상어'라는 이름이 붙여졌으며,
남해안에서는 '참상어'라고도 부른다. 새끼를 낳는 태생어
이며, 수컷은 배지느러미가 변형되어 발달한 교미기가 있어
암컷과 짝짓기를 한다. 수정된 알은 어미 배 속에서 발생 부
화하여 자라다가 다음해 4~5월에 새끼로 태어난다. 별상어
의 임신 기간은 약 10개월이며 27~30센티미터 정도 크기
의 새끼를 낳는다. 새우, 게 등의 갑각류를 주로 먹으며 정

어리, 눈퉁멸, 가자미, 횟대류와 전갱이, 고등어 같은 어류와 갯지렁이류도 즐기는 육식성 어종이다. 우리나라 전 연안과 일본 홋카이도 이남, 동중국해에 서식한다.

✔문치가자미 *Pleuronectes yokohamae*

'문치가자미'란 이름보다는 '도다리'로 더 알려져 있는 종이다. 두 눈이 몸의 오른쪽으로 몰려 있으며, 크기는 40센티미터 정도이다. 갯지렁이, 게, 새우류 등을 잡아먹는다. 우리나라 연안 전역에 살지만 남해에서 흔하다. 일본 홋카이도 이남에서 동중국해까지 널리 서식한다. 별명 때문에 이름이 혼동되는 표준명 도다리*Pleuronichthys cornutus*는 체고가 높은 마름모꼴로 눈이 있는 쪽은 자갈색 또는 황갈색 바탕에 크고 작은 구름 모양의 반점들이 흩어져 있으며, 크기가 20~30센티미터로 차이 난다.

문치가자미(왼쪽)와 도다리(오른쪽)

✔꼼치 *Liparis tanakai*

남해안에서 '물메기'라고도
부른다. 차고 깊은 바다에 사는
물고기이지만 겨울이면 알을 낳기
위하여 얕은 바다로 올라온다. 알을 낳을 때쯤 수심 30~80
미터 정도의 얕은 바다로 몰려와 해조 줄기, 로프 등에 덩어
리진 알을 낳아 붙인다. 머리가 크고 둥글며 살은 물렁물렁
하다. 껍질에는 아주 작은 가시비늘들이 있어 까칠까칠하다.
배지느러미가 변형된 흡반빨판, 다른 물체에 부착하기 위한 기관이 있
어 깊은 바다의 바닥에 배를 대고 어슬렁거린다. 크기는 40
~50센티미터 정도까지 자란다. 우리나라 전 연안, 일본, 발
해, 동중국해에 널리 분포한다.

✔자주복 *Takifugu rubripes*

가슴지느러미 뒤쪽에 커다
란 원형의 검은색 점이 있고
그 주위에도 모양이 불규칙한
검은색 반점이 있다. 몸길이가 75센티미터 정도에 이른다.
3~5월에 알을 낳고는 여름이 오기 전에 앞바다로 이동했다

가 먼바다에서 겨울을 난다. 우리나라, 일본, 타이완, 중국의 연안에 서식한다. 난소와 간에 강한 독을 갖고 있으나 살과 껍질에는 흔히 복어 독이라 하는 테트로도톡신이 없다.

✔복섬 *Takifugu niphobles*

표준명보다는 '쫄복', '졸복'이란 이름으로 더 알려져 있다. 몸길이가 10~15센티미터로 복어 중 가장 몸집이 작다. 등과 배에는 비늘이 변형된 작은 가시가 빽빽하게 나 있다. 놀래기, 쥐치 등과 함께 수온이 섭씨 20도 이상으로 올라가면 활동이 활발해지는 여름 물고기이다. 연안이나 포구에서 흔히 볼 수 있으며, 종종 바다로 흘러드는 하천의 하류로 올라온다. 모래 속을 파고드는 습성이 있으며, 낮에는 활발하게 활동하다가 밤이 되면 어디론가 사라지는데 대부분 바닥에

복섬 성어(왼쪽)와 독을 가진 듯한 푸른빛의 눈동자(오른쪽)

앉거나 모래 속에서 휴식을 취한다. 모래 바닥을 파고드는 행동을 하루에 몇 번씩 반복하기도 한다. 난소, 간 등의 내장 기관과 껍질에 강한 독을 가지고 있어 자격증이 있는 사람만 요리할 수 있다.

✔두톱상어 *Scyliorhinus torazame*

약 1억 3000만 년 전에 지
구에 나타난 화석종이며,
부산에서는 '괘상어'라고도 부른
다. 크기는 50센티미터까지도 자란다. 난생으로 수정된 알을 낳는데 탄력 있는 껍질에 둘러싸여 있다. 우리나라 중부 이남의 남해와 서해, 제주도 근해에서 타이완 북부에 이르는 대륙붕에 많이 산다. 크기가 작은 상어로, 껍질을 벗겨서 뼈째 썰면 쫄깃쫄깃하고 맛이 있다.

✔군평선이 *Hapalogenys mucronatus*

'꽃돔', '금풍생이', '딱돔' 등 이름이 많으며 여수에서는 '새서방고기'라고도 부른다. 크기는 25센티미터까지 자란다. 체고가 높고 좌우로 납작하며 단단한 빗비늘로 덮여 있

군평선이 성어(왼쪽)와 아름다우면서도 날카로운 등지느러미의 가시(오른쪽)

다. 등지느러미 줄기부와 꼬리지느러미는 노란색이고 가장
자리는 검다. 계절에 따라 무리지어 이동하는 회유성 물고
기로, 겨울철인 12~2월 사이에는 이어도 남쪽 해역에 머물
다가 봄이 되면 이동을 시작한다. 5~7월이 되면 얕은 연안
으로 무리지어 나타났다가 9~10월에 수온이 다시 내려가
면 깊은 바다로 이동한다. 우리나라 전 연안에 분포하나 남
해 서부 전남 지방과 황해에 많고, 발해, 일본 남부, 타이완
북부까지 널리 서식한다.

✔문절망둑 *Acanthogobius flavimanus*

지방에 따라 '문절이', '문절어', '망둑이', '운저리', '고새
이', '문저리', '꼬시래기'라고도 부른다. 눈앞의 이익을 좇
다 더 큰 손해를 본다는 뜻으로 쓰는 '꼬시래기 제 살 뜯기'

라는 속담의 주인공이다. 새우,
게, 물고기, 바닥의 유기물 등 다
양한 먹이를 모조리 먹어 치우는
탐식성 때문에 이런 속담이 생긴 것
같다. 몸은 원통형이며 머리와 입이 크고, 몸길이는 20센티
미터 정도이다. 좌우 배지느러미가 서로 붙어서 둥근 흡반
을 이루어 물속 나무나 바위 등에 몸을 붙일 수 있다. 얕은
연안, 포구, 하천 하류의 뻘, 모래 바닥에 산다. 우리나라 전
연안, 일본, 중국까지 널리 분포한다.

✔노랑가오리 *Dasyatis akajei*
큰 날개를 아래위로 저어 나비처럼 바닷속을 나는 듯이 헤
엄치는 대형 가오리류로 최대 2미터까지 자란다. 등 쪽에서

 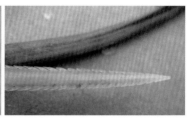

오각형의 몸과 가는 꼬리를 가진 노랑가오리(왼쪽)와 꼬리 위의 독가시(오른쪽)

99

보면 오각형이어서 사각형의 홍어류와 구분된다. 따뜻한 바다를 좋아하는 열대 어종이며, 여름철 얕은 연안으로 와서 새끼를 낳는다. 주로 물고기를 잡아먹는 육식성이다. 우리나라 서해와 남해, 일본 남부에서 태국, 피지에 이르기까지 널리 분포한다. 살은 붉은색을 띠며 부드러우나, 가늘고 긴 꼬리에 맹독을 가진 강한 가시가 있어 조심해서 다루어야 한다.

✔농어 *Lateolabrax japonicus*

지역과 성장 단계에 따라 경상남도에서는 '농에', '까지매기어린 새끼', '깔다구옆구리에 검은 점이 많은 어린 새끼'라고도 부른다. 크기는 1미터 정도까지 자란다. 몸의 등 쪽은 푸른빛이 감도는 회색이고 배 쪽은 희다. 입이 크고 위턱보다 아래턱이 앞쪽으로 쭉 나와 있다. 어릴 때는 민물을 좋아해서 염분이 낮은 강 하구까지 거슬러 올라가기도 한다. 새우, 게, 작은 물고기를 잡아먹고 사는데 특히 봄, 여름에 멸치가 연안으로 몰려올 때면 멸치 떼를 따라 가까운 바닷가로 나오기도 한다. 우리나라 연안 전역에 서식하며 점농

어와 넙치농어가 함께 생활하기도 한다.

✔능성어 *Epinephelus septemfasciatus*

남해안에서는 '아홉톤바리', '능시',
'외볼락', 제주에서는 '구문쟁이'
등으로도 부른다. 몸에 보랏빛을

띠는 일곱 줄의 짙은 가로무늬가 있
다. 가로줄 무늬는 어릴 때는 선명하지만 자라면서 차차 옅
어져서 몸 전체가 보랏빛을 띤다. 비교적 깊은 바다를 좋아
하며 5~9월에 알을 낳는데 깨어난 새끼는 가까운 바다의
돌밭에서 지낸다. 어릴 때부터 홀로 행동하며 자신의 세력
권을 형성한다. 몸길이가 1미터 정도까지 자라는 대형 바리
류이다. 우리나라에서는 1미터 정도의 대형은 만나기 쉽지
않고 30~40센티미터 정도가 대부분이다. 우리나라 남해,
일본 중부 이남, 동중국해, 인도양에 서식한다.

✔돌돔 *Oplegnathus fasciatus*

힘세고 멋있는 고기라 하여 '바다의 황제', '갯바위의 제왕'
이라는 별명이 붙었다. 몸 옆에 줄무늬가 있어서 경상남도

몸의 무늬가 흐려진 늙은 돌돔(왼쪽)과 줄무늬가 뚜렷한 어린 돌돔(오른쪽)

에서는 '아홉동가리', '줄돔'이라고도 하며 제주도에서는 '갓돔', '갯돔', '돌톳'으로도 부른다. 이빨이 강하여 낚시줄을 끊고 도망간다고 하여 25~30센티미터 정도 크기를 '뺀찌'라고도 한다. 늦은 봄부터 초여름에 걸쳐 남해안은 6-7월 산란을 하며, 몸길이가 1센티미터 정도인 새끼는 바다 표면에 떠다니는 해조류 주로 모자반류나 잘피, 밧줄, 폐그물 아래에 모여 산다. 따뜻한 바다를 좋아하며 암초 지대에 산다. 크기는 30~50센티미터 정도가 흔하며 70센티미터까지도 자란다. 나이가 들면 검은 띠무늬가 희미해지면서 주둥이 부분만 검은색으로 남고 몸의 나머지 부분은 푸른빛이 도는 회색을 띤다. 우리나라 연안 전역에 서식하며 일본, 타이완에서 하와이까지 널리 분포한다.

✔돗돔 *Stereolepis doederleini*

크기가 2미터 이상까지 자라는 대형 어종이며, 수심 100~600미터의 깊은 바다에 사는데 흔치 않아 '전  설의 물고기'로 알려져 있다. 몸의 형태는 볼락류와 닮았는데 색깔은 약간 붉은빛을 띤 갈색 또는 흑갈색이다. 어릴 때에는 검은색 바탕에 4~5개의 흰색 세로띠가 있지만 자라면서 없어진다. 정확한 생태는 알려져 있지 않으나, 봄철 산란기가 되면 동해 남부나 남해의 수심 80~100미터 정도 깊이의 수심대로 나온다. 산란기에 고등어, 문어 같은 미끼로 잡을 수 있어서 육식성 어류로 추정된다. 우리나라 남해, 일본, 러시아 등 북서태평양의 깊은 바다에 서식한다.

✔말쥐치 *Thamnaconus modestus*

물 밖으로 나오면 쥐처럼 '찍, 찍' 소리를 내서 '쥐고기'라는 별명이 붙었다. 제1 등지느러미는 세울 수 있는 가시로 변형되었으며, 크기는 35센티미터 전후로 자란다. 식성이 좋아 먹이인 플랑크톤과 해조류에 대한 욕심이 대단하다. 어린 새끼들은 수면에 떠다니는 해조류 아래에 모여서 동물

말쥐치 성어(왼쪽)와 평소 무리를 지어 몰려다니는 말쥐치(오른쪽)

플랑크톤을 먹고 성장한다. 자라면서 수심이 좀 더 깊은 곳
으로 이동해 간다. 생후 1년 만에 19센티미터 정도로 자라
어른고기성어가 된다. 우리나라 연안 전역, 일본, 동중국해에
떼를 지어 산다. 한때는 쓸모없는 생선 취급을 받았으나, 지
금은 말려서 쥐포를 만들거나 횟감으로 인기가 있다.

✔쥐치 *Stephanolepis cirrhifer*

말쥐치와 구분하여 '노랑쥐치', 모습이 딱지를 닮았다고 하
여 '딱지'란 별명도 있다. 몸은 전체적으로 노란빛이 강하며
구름 모양의 회흑색 반점이 흩어져 있다. 체고가 높아서 마
름모꼴이며, 15~20센티미터 크기가 흔하다. 말쥐치처럼 물
밖으로 나오면 '찍, 찍' 소리를 내서 '쥐고기'라고도 한다.
우리나라 전 연안에 살고 있으며, 근육이 달고 간은 고소하

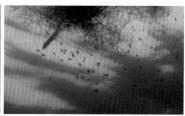

쥐치 성어(왼쪽)와 떠다니는 모자반 아래에 모여 자라는 어린 새끼(오른쪽)

여 미식가들에게 인기가 있다.

✔망상어 *Ditrema temminckii*

경상남도에서는 '망싱이', 주문진에서는 '맹이', 흑산도에서
는 '망치어'라고 하며 '망사', '떡망사' 등 여러 가지 이름으
로 불린다. '바다의 붕어'라는 별명도 있다. 『자산어보』에
'이름은 망치어이고, 큰 놈은 한 자약 30센티미터 정도 된다. 모

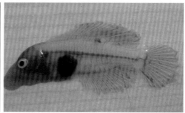

망상어 성어(왼쪽)와 어미 배 속에서 성장 중인 새끼(오른쪽)

양은 도미를 닮았으나 높이는 더 높고 입이 작으며 빛깔이 희다. 태에서 새끼를 낳는다. 살이 희고 연하며 맛이 달다.' 라고 기록되어 있다. 동해안과 남해안의 갯바위나 방파제에서 흔히 볼 수 있고, 10~12월에 수컷과 암컷이 짝짓기를 하여 체내 수정을 한다. 어미 배 속에서 알이 부화되어 5~6개월 동안 어미로부터 영양분을 공급받으며 5~6센티미터 정도까지 자란 뒤 오뉴월에 몸 밖으로 나오는 태생어이다. 크기는 35센티미터 정도까지 자란다. 우리나라 전 연안, 일본 홋카이도 이남에 분포한다.

✔먹장어 *Eptatretus burgeri*

'꼼장어'라는 이름이 더 친숙한 물고기로, 가장 원시적인 종이다. 입은 둥근 형태를 띠고, 눈은 피부 아래에 조그마한 점 _{안점}으로 존재할 뿐이다. 지느러미도 다른 경골어류와 달리 주름 형태이다. 입가에 3~4쌍의 수염이 있고, 아가미구멍은 좌우로 6개 때로는 7개가 한 줄로 나란히 늘어서 있다. 크기는 최대 60센티미터 정도까지 자란다. 물고기나 오징어 등의 몸속으로 파고 들어가 내장과 살을 갉아먹는 기생성 물고기이다. 봄, 여름에 부착사가 달린 타원형_{크기 2×8~9밀리미터}

의 알을 낳는다. 우리나라 남해
와 제주도 근해, 일본 중부 이남,
동중국해의 비교적 얕은 바다의 펄
이나 사니질 바닥에 산다. 먹장어의 껍질은 가죽으로 가공해
사용하며, 부산에서는 묵으로 만들어 먹기도 한다.

✔붕장어 *Conger myriaster*

일본 이름인 '아나고'라 부르기도 하는데 표준명인 '붕장
어'로 고쳐 불러야 한다. 옆줄을 따라 흰색 점이 줄지어 있

야행성인 붕장어는 낮에는 어두운 곳이나 뻘 속에서 휴식을 취한다.

고 등 쪽과 머리 부분에도 흰색
점이 흩어져 있다. 수컷보다 암컷
이 잘 자라서 암컷은 90센티미터,
수컷은 40센티미터 전후까지 자란다. 봄,

여름에 알을 낳는데 알을 낳는 장소가 아직 확실하게 밝혀
지지 않았다. 납작하고 투명한 버드나무 잎 모양의 어린 새
끼는 렙토세팔루스leptocephalus라 하는데 이 유생이 변태하여
새끼 붕장어가 된다. 우리나라 전 연안에 서식하며 일본에
서 동중국해까지 분포한다. 단백질과 지방이 풍부하고 비타
민 A는 갈치, 꽁치, 고등어보다 20~30배나 많다.

✔멸치 *Engraulis japonicus*

지방에 따라 '멸', '멧',
'메루치', '메르치'라고도
부르며, 한자로는 '물 밖으로

나오면 곧바로 죽는 고기'란 뜻으로 '멸치蔑致', '멸어蔑魚',
'멸치어蔑致魚'로도 쓴다. 몸은 긴 원통형이며 등은 짙은 청
색, 배는 은백색을 띠는 표층성 물고기이다. 쉽게 벗겨지는
작은 비늘로 덮여 있으며 입이 크다. 수명은 1~2년이고 최

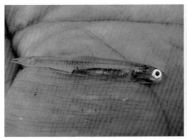

몸이 투명한 어린 멸치(왼쪽)와 어시장에 횟감으로 나온 멸치(오른쪽)

대 15센티미터 정도까지 자란다. 우리나라 연안의 전역에
서식하는데, 봄철에 연안을 따라 북쪽으로 올라왔다가 가을
철에 남쪽으로 내려간다. 멸치의 알은 타원형이어서 다른
물고기 알과 비교적 쉽게 구별할 수 있으며 한 마리가 낳는
알의 수는 1700~1만 6000개 정도이다. 주로 플랑크톤을
먹고 산다. 우리나라 전 연안, 일본, 러시아 남부해, 필리핀,
인도네시아까지 널리 서식한다. 칼슘이 풍부해 말려서 음식
에 다양하게 사용한다.

✔방어 *Seriola quinqueradiata*

몸 놀림이 빠른 방어과의 방어, 잿방어, 부시리 중 가장 흔
한 종이다. 방추형의 몸으로 시속 30~40킬로미터의 빠른

속도로 표층을 헤엄친다.
몸길이는 1미터가 넘는 대
형종이며 등 쪽은 녹청색, 배

쪽은 은백색이고 머리부터 꼬리자루까지 몸 옆면 한가운데에 노란색 띠가 하나 있다. 꼬리지느러미도 노란색이다. 수온이 올라가는 5월 초에 떠다니는 모자반 아래에서 치어새끼를 만날 수 있다. 연안에서 성장하다가 수온이 섭씨 10도 이하로 내려가는 겨울이 되면 따뜻한 남쪽으로 내려가는 남북 회유를 반복한다. 우리나라 연안, 일본, 타이완 그리고 대서양과 태평양의 온대, 아열대 해역에 널리 퍼져 산다. 찬바람이 나면 맛이 좋아진다.

해조 아래 숨은 새끼 방어(왼쪽)와 방추형 몸을 이용해 빠르게 헤엄치는 방어 떼(오른쪽)

✔범돔 *Microcanthus strigatus*

호랑이와 비슷한 무늬 때문에 '범
돔'이라 불리지만 이름과는 달리
작고 예쁜 물고기이다. 몸체는 납
작하고, 노란색 바탕에 다섯 줄의
검은색 세로 줄무늬가 선명하다. 몸길이는 25센티미터 정도
이고, 따뜻한 물을 좋아하며 얕은 바다의 모래, 자갈, 암초
밭에서 플랑크톤, 갯지렁이, 새우, 조개 등을 먹고 산다. 쓰
시마 난류쿠로시오 난류로부터 분리되어 우리나라 남해를 통과하는 지류의 영
향을 받는 남해, 제주도, 동해 연안과 일본 중부 이남, 동중
국해에서 호주, 하와이 연안까지 널리 분포한다. 화려한 몸
색으로 수족관에서 인기가 높다.

✔벵에돔 *Girella punctata*

몸이 검다고 해서 '흑돔'이라고도 부르고, 전라남도에서는
'수만이', 제주에서는 '구릿'이라고도 한다. 영어명 '오팔아
이Opal eye'는 짙푸른 눈동자 때문에 붙여졌다. 몸길이는 50
~60센티미터에 이른다. 갯지렁이, 게, 새우 등 소형 동물과
해조류를 먹는데, 특이하게도 계절에 따라 식성이 달라진

벵에돔 성어(왼쪽)와 감정의 변화로 몸에 얼룩무늬가 생긴 개체(오른쪽)

다. 턱에는 세 갈래로 갈라진 작은 이빨들이 촘촘히 나 있어
서 김이나 파래 같은 연한 해조류를 갉아먹기 좋다. 겨울이
면 싹이 돋기 시작하는 부드러운 해조류를 갉아먹는다. 쓰
시마 난류의 영향을 직접 받는 남해, 울릉도, 독도와 제주도
연안, 타이완, 동중국해에 서식한다.

✔청보리멸 *Sillago japonica*

지역에 따라 통영 '소래미', 포항 '보리메레치', 제주 '모살
치'라고도 부른다. 반투명한 연분홍빛의 날씬한 몸매를 가
진 청보리멸은 '백사장의 미녀', '바다의 요정'이란 별명이
붙어 있다. 크기는 30센티미터 정도이고, 주둥이가 뾰족한
편이다. 긴 몸의 앞쪽은 둥글고 뒤쪽으로 갈수록 납작해진
다. 따뜻한 바다를 좋아하며 겨울철에 연안의 수온이 내려

가면 깊은 곳으로 이동해 겨

울을 난다. 모래 바닥에서 지

렁이, 새우 등을 잡아먹으며 산다. 우리

나라 동해 남부, 남해를 비롯하여 홋카이도 이남의 일본 연

안, 중국, 타이완, 필리핀, 동인도 제도, 인도, 홍해에 널리

분포한다. 참고로 이 종의 표준명이 청보리멸이지만 푸른빛

을 띠는 보리멸은 별도의 종 점보리멸*Sillago parvisquamis*로 이

름 정리가 필요한 종이다.

✔볼락 *Sebastes inermis*

지방에 따라 '뽈락', '뽈라구', '돌뽈락'으로도 불리며, 경상

남도의 도어道魚이다. 크기는 보통 20센티미터 전후이며, 큰

개체를 '왕사미'라 부르는데 최대 35센티미터까지 자란다.

볼락 성어(왼쪽)와 새끼를 낳기 직전의 볼락(오른쪽)

11~12월에 짝짓기를 하고 암컷 배 속에서 알을 부화시켜 1~2월에 새끼를 낳는 난태생이다. 연안의 암초 지대에 사는 물고기로 새우, 게, 갯지렁이, 오징어, 물고기 등을 먹으며 주로 밤에 활동한다. 우리나라 동해와 남해, 일본 홋카이도 이남에 서식한다.

✔삼치 *Scomberomorus niphonius*

지방에 따라 서해 '마어', 동해 '망어', 전남 '고시', 통영 '사라'로도 불린다. 크기가 1미터에

이르며, 몸은 길고 납작하다. 등은 회청색 또는 군청색이며 배는 희다. 몸 옆으로 푸른 반점이 7~8줄 세로로 줄지어 있고, 매우 작은 비늘로 온몸이 덮여 있다. 주로 물고기를 잡아먹는 육식성 어종으로, 양턱에 날카로운 이빨이 가지런히 발달해 있다. 먹이 사냥을 할 때에는 시속 수십 킬로미터의 빠른 속도로 표층을 내달린다. 먼바다에서 겨울을 난 뒤 봄이 되면 연안으로 몰려와 4~6월 사이에 알을 낳고 먹이를 찾는 회유를 반복한다. 우리나라 서해와 남해, 일본에서 하와이, 호주에 이르는 넓은 지역에 분포한다.

✔줄삼치 *Sarda orientalis*

제주도에서 '이빨다랑어'라
고 부를 정도로 이빨이 날카
롭다. 크기는 1미터 정도까지
자라지만 제주 연안에서는 40~
60센티미터 정도의 크기가 흔하
다. 등은 남청색이고 배는 흰색
이며, 몸의 옆면 위쪽에 6~7줄
의 선명한 검정색 세로 줄무늬
가 있다. 우리나라의 남해와 동

줄삼치(위)의 아래위턱에는 강한 송곳니가 있다(아래).

해, 특히 제주도 연안에서 쉽게 만날 수 있으며, 태평양, 인
도양, 대서양 등 따뜻한 바다에 널리 분포한다.

✔성대 *Chelidonichthys spinosus*

머리와 등, 옆면이 단단한 골판질로
덮여 있으며, 부채처럼 크고 아름다
운 가슴지느러미를 가졌다. 남해안에
서는 화려한 가슴지느러미가 천사의 날개처
럼 생겼다 하여 '천사고기'라고도 부른다. 크기가 35~40센

화려한 가슴지느러미

티미터 정도이다. 가슴지느러미의 아래쪽 지느러미 줄기 세 개가 두껍게 변형되어 분리되어 있다. 분리된 지느러미 줄기 끝에는 맛을 느낄 수 있는 감각 기관이 있어 바닥을 기면서 먹이를 찾는다. 어류, 새우 등을 먹는 육식성 물고기이다. 우리나라 연안, 일본, 발해, 동중국해에 널리 분포한다.

✔쑤기미 *Inimicus japonicus*

지느러미 가시에 맹독을 가져 '쐐치', 호랑이처럼 무섭다고 하여 '범치' 라고도 한다. 크기는 25센티미터 정도이다. 큰

쑤기미 성어(왼쪽)와 주위의 바위와 유사한 색으로 돌기와 몸 색을 바꿔 위장하고 있는 쑤기미(오른쪽)

입은 위쪽으로 향하며, 몸에는 비늘이 없다. 몸 색은 흑갈색 또는 유백색 등으로 다양하며, 깊은 바다에 사는 것은 노란색이나 붉은색을 띠기도 한다. 여름에 암컷 한 마리와 2~3마리의 수컷이 만나 알을 낳는다. 새우, 게, 어류 등을 먹는 육식성 물고기이다. 우리나라 남해와 서해, 일본 혼슈, 동중국해, 남중국해 연안의 수심 200미터 범위에 서식한다.

✔아귀 *Lophiomus setigerus*

입이 큰 물고기라 '아구' 또는 '아귀'라는 이름이 붙여졌다. 경기도에서는 '물텀벙'이라고도 하는데, 한때는 잡히면 바다에 '텀벙' 하고 던져 버렸다고 하여 붙은 이름이다. 영어권에서는 '낚시꾼angler'이라 부르는데, 지느러미 끝이 변한 돌기를 낚시 미끼처럼 꾸며 작은 멸치, 까나리, 붕장어, 조

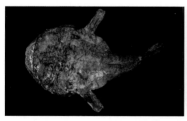

아귀 성어(왼쪽)와 뻘 바닥 속에 몸을 숨긴 아귀(오른쪽)

기 같은 물고기와 오징어 등을 잡아먹기 때문이다. 그 외 성게, 갯지렁이류, 해면류, 불가사리 등을 닥치는 대로 잡아먹는 먹성 좋은 물고기이다. 몸은 1.5미터까지 자라며, 수심 250미터 깊이의 바다에 산다. 우리나라 남해, 서해 남부, 제주도와 일본 홋카이도 이남, 동중국해에 분포한다. 생김새와는 달리 살이 희고 담백하다.

✔용치놀래기 *Halichoeres poecilopterus*

'용치', '수멩이', '술미', '술뱅이'라고도 부른다. 크기가 25센티미터 전후로 몸집이 작다. 수컷은 몸이 초록색으로 가슴지느러미 뒤에 크고 검은 점이 있으며, 암컷은 몸이 황적색이고 검

용치놀래기 수컷(위)과 암컷(아래)

은색 또는 적갈색의 띠가 있다. 특이하게 생긴 날카로운 이빨과 두터운 입술을 갖고 있다. 돌출된 입술과 휘어진 강한 송곳니 모양의 이빨로 갯지렁이류, 새우, 게, 조개 등을 닥치는 대로 먹는다. 밤이 되면 모래 속으로 들어가 잠을 자고 다음날 아침 해뜨기 약 40분 전

에 모래 밖으로 빠져 나온다. 겨울에는 모래 속에서 겨울잠을 자며 이듬해 5~6월이 되어야 나온다. 암컷 중 일부가 '청놀래기'라고도 하는 수컷으로 성전환을 한다. 살은 희고 투명하면서 담백하다.

✔전갱이 *Trachurus japonicus*

'전광어', '매가리', '각재기', '아지'라고도 부른다. 등은 적청색 또는 녹청색, 배는 은백색을 띠며 몸의 옆쪽 한가운데에 67~73장의 날카로운 모비늘이 발달해 있다. 따뜻한 물을 좋아하며, 여름철에 서해와 동해에서 떼를 지어 헤엄치는 모습을 볼 수 있다. 남해안에서는 5센티미터 정도의 어린 새끼들이 고등어와 함께 떼를 지어 연안으로 몰려와 성장하다가 찬바람이 불기 시작하는 늦가을에 남쪽으로 이동해 간

전갱이 성어(왼쪽)와 무리지어 헤엄치는 전갱이 떼(오른쪽)

다. 플랑크톤, 곤쟁이, 새우, 물고기 새끼 등을 먹으며 40센
티미터 정도까지 자란다. 우리나라 연안 전역, 일본 남부,
동중국해, 동남아시아 연안 등에 널리 서식한다.

✔**참다랑어** *Thunnus orientalis*

영어권에서는 '블루핀 튜나
Bluefin tuna', 일본에서는 '혼마
구로ほんまぐろ' 또는 '구로마구로
くろまぐろ'라고 한다. 몸길이는 3미터, 몸무게는 450킬로그램
까지 자라며, 가슴지느러미가 짧은 것이 특징이다. 어릴 때
는 배에 흰색 세로띠와 흰색 점들이 흩어져 있다. 참치류 중
에서는 가장 낮은 수온대까지 분포하는 등 서식 범위가 넓
다. 우리나라 남해와 동해에 출현하며, 북미에서는 알래스
카 만에서 캘리포니아 연안까지, 극동아시아에서는 러시아
오호츠크 해 남부의 사할린에서 필리핀 북부 해역에 이르기
까지 널리 분포한다. 참치 중에서는 가장 고급 어종이다. 한
때 참다랑어*Thunns tynuus* 한 종으로만 취급되었으나 지금은
지중해에 서식하는 북방참다랑어*Thunns tynuus*, 호주 남부 연
안에 사는 남방참다랑어*Thunnus maccoyii*와 우리나라, 일본, 미

날개다랑어(왼쪽), 황다랑어(가운데), 백다랑어(오른쪽)

국 서부 연안에 이르는 태평양에 서식하는 참다랑어*Thunnus orientalis*, Pacifuc bluefin tuna 3종으로 구분하고 있다(http://www.fishbase.org). 우리나라에서는 참다랑어 외에 날개다랑어, 황다랑어, 백다랑어 등이 보고되어 있다.

✔가다랑어 *Katsuwonus pelamis*

'가짜 참치'란 뜻으로 붙여진 이름이며 남해안에서는 '가다 리', '가토'라고도 부른다. 몸길 이 1.2미터, 몸무게 20킬로그램 정도까지 자란다. 몸은 굵 고 통통한 방추형이며 죽으면 4~10줄의 검은색 세로띠가 나타난다. 먼바다의 표층을 시속 40~50킬로미터 정도의 속도로 헤엄쳐 다닌다. 멸치, 날치, 전갱이, 고등어, 참치 새 끼 등 물고기를 주로 잡아먹으며 오징어, 게, 새우 등을 먹

기도 한다. 때로는 자신의 새끼도 잡아먹는다. 지중해 동부 해역과 흑해를 제외한 전 해양에서 서식한다. 잘못 먹으면 식중독을 일으키며, 일본에서는 전통적으로 국물을 내는 '가다랑어 포가쓰오부시'로 이용해 왔다.

✔참돔 *Pagrus major*

선홍빛 바탕에 코발트빛 점들이 아름다워 '바다의 여왕'이란 별명이 붙었다. 양식 기술이 개발되어 대량으로 키우는데 양식은 자연에 사는 개체보다 조금 더 검은빛을 띤다. 참돔이 살기에 적당한 수온은 섭씨 15~28도이며, 겨울철에도 섭씨 10도 이상이 되어야 하므로 남해안의 깊은 곳이나 제주도로 이동하여 겨울을 난다. 게, 새우, 조개, 작은 물고기 등을 먹는 육식성이다. 4~7월에 진해만, 한산도, 거제도

참돔 성어(왼쪽)와 몸에 무늬가 있는 어린 참돔(오른쪽)

부근, 남해, 제주도 연안에서 알을 낳는다. 우리나라 연안 전역에 서식하며 일본, 중국, 타이완 등지에 널리 분포한다. '진짜 돔'이란 이름같이 맛이 좋으며, 남해안에서는 제사상에 오르는 귀한 물고기로 취급된다.

✔황돔 *Dentex tumifrons*

서울, 경기 지방에서는 '뱅꼬돔'이라고도 한다. 몸길이는 35센티미터 정도로 돔 종류 중에서는 작은 편이다. 체고가 높은 타원형이며 몸은 좌우로 납작하다. 등은 붉은 황색, 배는 흰색이다. 등지느러미 기부에 세 개의 희미한 황색 반점이 있다. 몸길이가 15센티미터 이상으로 자라면 어미가 되며, 우리나라 남해에서는 봄부터 여름에 걸쳐 알을 낳는다. 몸길이는 35센티미터 정도까지 자란다. 겨울철에는 깊은 곳에 머물다가 여름이 되면 얕은 곳으로 이동하지만 깊은 바다를 좋아한다. 새우와 매퉁이, 쏨뱅이, 눈볼대 등 작은 물고기를 좋아하며 게, 오징어류 등 다양한 종류의 먹이를 먹는다. 우리나라 남해부터 동중국해, 남중국해까지 널리 분포한다.

✔청베도라치 *Parablennius yatabei*

몸길이는 7~9센티미터 정도로
작다. 바위틈에 숨어 머리 위의 돌
기를 토끼 귀처럼 쫑긋 세우고 머리만
내밀고 있는 귀여운 모습을 볼 수 있다. 수컷은 흑자주색,
암컷은 녹갈색으로 연한 색을 띤다. 동해와 남해안의 조수
웅덩이나 해조류가 무성한 바위 지대에서 바위틈이나 풀 사
이를 헤치며 다닌다. 여름철에 빈 조개껍질에 알을 붙여서
낳고 알이 부화될 때까지 옆에서 보호한다. 우리나라 외에
일본에 서식한다.

✔다금바리 *Niphon spinosus*

경상남도에서는 농어를 닮았다고
해서 '뻘농어'라고도 한다. 비슷
한 종인 자바리 *Epinephelus bruneus* 보
다 주둥이가 뾰족한 편이다. 몸길이는 1미터까지 자라며,
등은 짙은 회색, 배는 회백색이다. 어릴 때는 주둥이 끝에서
꼬리자루 위쪽 끝 부분까지 짙은 회갈색 세로띠가 있지만
자라면서 없어진다. 수심 100미터 이상의 깊은 수심에서 서

식한다. 우리나라 남해와 제주도 연안, 일본 남부, 동중국해
에 분포한다.

✔해마 *Hippocampus coronatus*

고삐 달린 말처럼 단단한
판으로 덮인 머리를 갖고
있어 '바다의 말'이란 뜻
의 이름이 붙여졌다. 크기
는 10센티미터 정도이고,
몸은 경골성 판으로 덮여
있으며 48~50개의 고리
가 있다. 긴 꼬리로 잘피나
해조를 감고 바로 선 채 물
결에 흔들리면서 지나가
는 플랑크톤 등을 긴 대롱
처럼 생긴 주둥이로 빨아
마신다. 알을 보호하기 위

해조류에 꼬리를 감고 서 있는 해마(위)와 어린 새
끼(아래)

해 수컷이 배 쪽의 주머니육아낭에 넣어 부화할 때까지 키워
내놓기 때문에 마치 수컷이 새끼를 낳는 것처럼 보인다. 아

열대종이며 우리나라, 중국, 일본 등 북서태평양에 서식한다. 전 세계적으로 보호하는 종이다.

✔갈치 *Trichiurus lepturus*

큰 칼처럼 생겼다고
해서 붙여진 이름이다.
몸길이는 1미터 전후가 흔
하지만 최대 2미터까지 자
란다. 꼬리는 실 모양으로
길고, 비늘과 꼬리지느러
미, 배지느러미가 없다. 살
아 있을 때는 금속성 광택
으로 빛난다. 멸치처럼 작

갈치 성어(위)와 날카로운 이빨(아래)

은 물고기를 잡아먹는 육식성 물고기로, 날카롭고 강한 이빨
이 있으며 성장할수록 이빨 수는 늘어난다. 어린 새끼들은
얕은 연안에서 자라지만 어미는 수심 100~350미터 수층에
많다. 바닷물이 천천히 흐르는 곳에서는 머리를 위로 하여 몸
을 곧추세운 채 서서 헤엄친다. 서해와 남해에서는 5~8월에

알을 낳으며, 어린 새끼들은 남해 연안에서 성장한다. 우리나라 남해, 일본 남부, 동중국해에 분포한다. 최근 남해안에서는 밤낚시 어종으로 인기가 높다.

✔거북복 *Ostracion immaculatus*

입과 각 지느러미의 아랫부분을 제외하고는 온몸이 딱딱한 껍질로 덮여 있다. 몸은 황갈색, 녹갈색이며 각 비늘판 위에는 흑청색의 동그란 반점이 있다. 배지느러미는 없다. 크기가 2~3센티미터 정도로 어릴 때에는 노란색 바탕에 깨알 같은 검정색 둥근 점이 있어 예쁘다. 새우, 곤쟁이와 같은 작은 동물성 먹이를 먹는다. 25센티미터 정도까지 자란다. 우리나라 남해안과 제주도 연안의 따뜻한 바다에서 살며, 일본 중부 이남, 동중국해, 타이완, 필리핀 등지와 호주, 미

 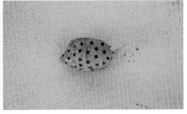

거북복 성어(왼쪽)와 어린 새끼(오른쪽)

국 동해안까지 널리 분포한다.

✔가시복 *Diodon holocanthus*

몸은 40센티미터까지 자라며, 등 쪽은 다갈색 또는 흑갈색
이나 배 쪽은 연해진다. 꼬리자루를 제외한 온몸을 비늘이
변형된 긴 가시가 덮고 있으며, 위협을 느끼면 가시를 세우
고 배를 부풀려 밤송이처럼 만든다. 위협이 사라졌다고 느
끼면 다시 정상 체형으로 되돌아간다. 난류의 영향을 받는
남해, 제주도 연안에 서식하며 일본, 미국, 아프리카, 호주
등 전 세계의 아열대, 열대 바다에 분포한다. 살에 독이 없
어 먹을 수 있지만 우리나라에서는 식용하지 않는다.

가시복 성어(왼쪽)와 밤송이처럼 몸을 부풀린 가시복(오른쪽)

✔고래상어 *Rhincodon typus*

어류 중에서 가장 몸집이 큰 종으로, 몸길이가 약 20미터이

고 몸무게는 40~50톤에 이른다. 생김새나 이름으로는 고래 종류같지만 아가미로 호흡하는 상어류이다. 큰 입으로 플랑크톤, 작은 새우나 물고기 들을 빨아들여 먹는다. 전 세계의 아열대, 열대 바다에 널리 서식하며 우리나라 남해안에도 가끔 출현한다. 개

일본 오키나와에서는 바다에 그물을 치고 고래상어를 생태 관광용으로 키운다(위). 대형 수족관에서도 인기가 좋은 고래상어(아래)

체 수가 적어 국제 보호종이며, 성질이 순하여 스쿠버다이버들에게 인기가 있다.

✔곰치 *Gymnothorax kidako*

크기는 1미터 정도이고, 장어형 체형을 가졌으며 갈색 몸에 얼룩덜룩한 흰색 무늬가 있다. 가슴지느러미와 배지느러미가 없다. 낮에는 산호초나 암초의 갈라진 틈이나 암초로 된 굴속에서 지내다가 밤이 되면 먹이를 사냥하러 나와 돌아다

곰치(왼쪽)는 밤에 활동하고 낮에는 주로 바위틈에 숨어 있는 습성이 있다(오른쪽).

닌다. 우리나라에선 제주도에서도 흔치 않은 열대 어종이다.

✔깃대돔 *Zanclus cornutus*

몸길이는 10~20센티미터 정도이
고, 납작한 몸에 긴 주둥이와 실
처럼 길게 늘어진 등지느러미가
인상적이다. 몸에는 두 개의 폭넓
은 검은색 가로무늬가 있으며 꼬리
지느러미도 검은색이다. 바닥에 붙어사는 작은 새우, 게 등
동물성 먹이를 잡아먹고 산다. 우리나라는 제주 바다에서만
만날 수 있는 열대 어종으로, 모양과 색깔이 예뻐서 제주도
연안 산호초와 잘 어울린다. 인도양, 태평양의 열대 바다에
서는 흔한 어종이다.

✔**황붉돔(노랑가시돔)** *Cirrhitichthys aureus*

몸의 크기는 10~15센티미터 정도이
고 노란색을 띠며, 등지느러미 가시
끝의 피부가 마치 산호의 폴립 모양으
로 갈라져서 산호 속에 있으면 찾아내
기가 쉽지 않다. 작은 동물을 잡아먹는다.
우리나라는 제주도에서만 볼 수 있으며, 일본 남부
해부터 필리핀, 미크로네시아, 인도네시아, 호주 북부 해역
까지 서부 태평양 아열대, 열대 바다에 서식한다. 다이버들
이 좋아하는 종으로 '노랑가시돔'이라 불리웠으나 1998년
어류학회에 보고되면서 '황붉돔'이라는 새 이름을 얻었다.

✔**세동가리돔** *Chaetodon modestus*

크기는 20센티미터까지 자라고, 몸은 매우 납작하다. 주둥
이가 뾰족하고 흰색 바탕에 폭넓은 황갈색 가로띠 세 개가
있다. 등지느러미 줄기 위에 검은색 둥근 점이 있다. 산란기
가 되면 암수가 짝을 이루어 알을 낳는다. 암초가 잘 발달한
얕은 연안에서 만날 수 있다. 남해안과 제주도에서 일본 중
부 이남, 동중국해, 필리핀, 인도네시아, 호주 북부에 이르

세동가리돔

기까지 폭넓게 분포한다.

✔**독가시치** *Siganus fuscescens*

'독이 있는 지느러미 가시를 가진 고
기'란 뜻으로 붙여진 이름이며, 제주
도에서는 '따치'라고도 부른다. 40센
티미터 정도까지 자라며, 몸 색은 황갈색
또는 갈색인데 환경에 따라 바뀌기도 한다. 떼를 지어 다니며 해조류를 뜯어먹는 모습이 바닷속 토끼처럼 보인다. 초식성이 강하기는 하지만 새우, 게, 갯지렁이 등 동물성 먹이도 먹어 엄격히 말하자면 잡식성이라 할 수 있다. 우리나라 남해안과 제주도 연안, 그리고 일본, 중부 태평양에서 남아프리카에 이르는 태평양, 인도양의 따뜻한 바다에 서식한다. 살의 독특한 냄새 때문에 식품으로서는 인기가 높지 않으며, 지느러미 가시에 독이 있어 다룰 때에 주의해야 한다.

✔무태장어 *Anguilla marmorata*

몸에 얼룩덜룩한 무늬가 있어 뱀장어와는 쉽게 구별이 된다. 몸길이는 보통 70센티미터 정도가 흔하지만 열대 지방에서는 몸무게 20킬로그램, 길이 2미터까지 자라는 열대 장어류이다. 야행성이 강하고 게, 물고기, 개구리 등 다양한 먹이를 잡아먹으며 산란기에는 깊은 바다로 내려간다. 우리나라의 제주도 연안과 하천에 서식하며, 일본 남부 연안, 남서 태평양, 인도양에 분포한다. 우리나라는 제주도 서귀포 천지연 폭포를 중심으로한 무태장어 서식지를 천연기념물제27호로 지정하여 보호하

고 있으며 동시에 무태장어도 천연기념물^{제258호}로 보호하고
있다.

✔벤자리 *Parapristipoma trilineatum*

몸길이가 40~50센티미터 정도까지 자라는 야행성 물고기
이다. 날씬하고 긴 타원형 체형과 깊게 파여진 꼬리지느러
미를 가진 외양 회유성 어종이다. 갈색 바탕에 두 줄의 흰색
선이 있고 배는 흰색이다. 암초가 잘 발달한 곳에 무리지어
다니며, 계절이 바뀌면 따뜻한 곳으로 이동한다. 우리나라
에선 여름철 남해와 제주도에서 만날 수 있으며 아열대 어
종으로 남해, 일본 남부, 동중국해, 타이완에서 호주 북부에
이르는 넓은 해역에 분포한다. 제주도에서는 여름철에 귀한
손님을 대접할 때 내놓는데 맛이 돌돔과 비슷하다.

갈색 띠무늬가 없는 벤자리 성어(왼쪽)와 갈색 띠무늬가 뚜렷한 어린 벤자리(오른쪽)

✔빨간씬벵이 *Antennarius striatus*

크기는 10센티미터 정도이다.

공처럼 둥근 몸과 화려한 몸 색,

손처럼 변형된 가슴지느러미로 바

위 지대에 숨어 산다. 이름과는 달

리 몸은 옅은 노란색 바탕에 타원형 또는 물결 모양의 갈색

반점들이 흩어져 있다. 눈 위의 제1 등지느러미가 실 모양

으로 길게 변형되었으며 끝은 흰 피질막으로 되어 있다. 이

것을 낚싯대처럼 이용해 먹이인 작은 물고기를 유인한다.

우리나라 남해, 제주도 연안의 암초 지대에 서식한다.

✔쏠배감펭 *Pterois lunulata*

영어권에서는 '라이온 피쉬^{lion}

fish'라고 한다. 크기가 30센티미

터 전후인 열대 어종이다. 약간

분홍색을 띠는 바탕에 갈색의 가로띠가 많으

며, 가슴지느러미가 크게 발달하여 물속에서 우아하게 날아

다니는 나비처럼 보인다. 크고 화려한 가슴지느러미는 물속

에서 적으로부터 자신을 방어하거나 먹이인 작은 물고기를

지느러미를 펼치고 나비처럼 헤엄치는 쏠배감펭

한쪽으로 몰아붙일 때 사용한다. 물고기나 새우, 게 등 갑각류를 먹는 육식성 어종이다. 지느러미에는 강한 독이 있어 맨손으로 만져서는 안 된다. 우리나라에서는 난류의 영향을 받는 남해안, 제주도에서 볼 수 있고, 일본 남부 해역에서 타이완, 필리핀, 인도 태평양 열대 바다에 넓게 분포한다.

✔쏠종개 *Plotosus lineatus*

메기류 중에서 유일하게 바다에 사는 종이다. 크기는 약 20~30센티미터 정도이고, 몸은 녹색을 띠며 노란색 세로줄이 나 있다. 입가에 네 쌍의 수염이 있다. 떼를 지어 몰려다니는 습성이 있으며, 등지느러미 가시

쏠종개(위)와 밤에 모래 바닥에서 먹이를 찾는 쏠종개 떼(아래)

에 독이 있어 다룰 때에 조심해야 한다. 낮에는 암초 틈이나 해조가 무성한 곳에 떼를 지어 모여 있으며, 밤이 되면 먹이를 사냥하러 나선다. 우리나라는 남해안과 제주 연안에 서식하며, 일본 남부, 타이완, 필리핀에서 호주 북부, 인도양, 홍해까지 폭넓게 분포하는 열대 어종이다.

✔쏨뱅이 *Sebastiscus marmoratus*

경상남도에서는 '삼뱅이', 제주에서는 '우럭'이라고도 부른다. 크기는 40센티미터 이상 자란다. 머리가 크며, 짧고 날카로운 가시가 많이 나 있다. 몸 색은 살고 있는 환경에 따라 조금씩 다르다. 짝짓기를 하여 어미 배 속에서 알을 수정, 부화시킨 뒤 새끼를 낳는 난태생 물고기이다. '돌 틈에 살면서 멀리 헤엄쳐 나가지 않는다.'고 『자산어보』에 기록되어 있듯이 크게 이동하지 않는 정착성 어종이다. 새우, 게, 작은 물고기 등 저서동물과 어류를 먹는 육식성이며, 먹이에 대한 탐식성이 강한 편이다. 남해안과 제주도에 서식하며, 일본, 타이완, 동중국해 연안에도 분포한다.

✔아홉동가리 *Goniistius zonatus*

여덟동가리*Goniistius quadricornis*와
닮았으나 머리부터 꼬리자루까
지 비스듬히 그어진 아홉 줄의 흑

갈색 가로띠와 꼬리지느러미 아래쪽에 나 있는 흰색 반점들
로 구분된다. 40센티미터 이상으로 자라며, 암반 지대에서
단독으로 생활한다. 가끔 해조나 바위 위에 배를 대고 멈춰
있는 인상적인 모습을 볼 수 있다. 남해와 제주도 연안에서
타이완, 남중국해까지 서식하는 열대 어종이다.

✔어렝놀래기 *Pteragogus flagellifer*

크기는 20센티미터 정도이며, 수컷
은 물속에서 영역을 지키는 습성
이 있다. 수컷은 흑자색 바탕에 황

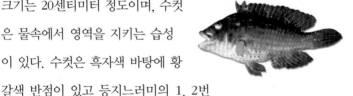

갈색 반점이 있고 등지느러미의 1, 2번
째 가시가 실처럼 긴 것이 특징이다. 암컷은 수컷보다 몸 색
이 연하고 황갈색 바탕에 검은 점이 있다. 해조류가 많은 곳
에 서식하며 다른 놀래기들과 마찬가지로 낮에 활동하고 먹
이에 대한 욕심이 강하다. 우리나라에 사는 놀래기 중 따뜻

어렝놀래기 수컷(왼쪽)과 암컷(오른쪽)

한 바다를 가장 좋아하는 종으로 난류의 영향을 받는 남해, 제주도에 흔하다. 우리나라 남해에서 호주 남부까지 널리 서식하는 열대성 놀래기류이다.

✔옥두놀래기 *Xyrichtys dea*

크기는 35센티미터 정도이며, 머
리와 몸통의 체고가 높고 옆으로
매우 납작하다. 몸의 바탕은 선홍
색 또는 분홍색이며 옆구리에 몇 줄의 청색 반점이 줄지어
발달해 있다. 제2 등지느러미 아래에 자신의 눈 정도 크기
의 검은 점이 있다. 모래나 펄 바닥에 사는데 모래 속으로
숨어드는 습성이 있어서 물속에서도 가까이 관찰하기가 쉽
지 않다. 제주도 연안에서 서태평양, 인도양, 호주 북부 해

역까지 서식하는 열대 이종이다.

✔옥돔 *Branchiostegus japonicus*

이름 뒤에 '돔'이 붙은 것으로
보아 제주도에서 예로부터 귀
한 생선으로 여겨 왔다는 것을
짐작할 수 있으며, '생선오름', '옥돔생선'이라고도 부른다.
몸길이는 40∼60센티미터 정도까지 자란다. 아가미 뚜껑에
삼각형의 은백색 무늬가 있으며, 꼬리지느러미 위에 5∼6줄
의 화려한 노란색 줄이 나 있다. 우리나라 중부 이남, 남해,
제주도 연안의 수심 30∼150미터 정도의 모래 바닥에 살며,
바닥을 뚫고 들어가는 습성이 있다. 살이 희고 맛이 있다.

✔호박돔 *Choerodon azurio*

몸은 40센티미터까지 자라며, 이마가 높고 타원형이며 몸이
약간 납작한 형태를 띤다. 황적색 바탕에 검은색의 가로띠
가 몸 가운데에서 가슴지느러미 기부 쪽으로 비스듬히 그어
져 있다. 등지느러미와 뒷지느러미에는 노란색과 보라색 띠
가 뚜렷하고, 꼬리와 검은색 꼬리지느러미 위에 보라색 반

몸 색이 화려한 호박돔(왼쪽)은 물속에서 더 화려하게 보인다(오른쪽).

점이 흩어져 있어 아름답다. 제주 연안의 암초 지대에서 흔히 볼 수 있다.

✔자리돔 *Chromis notata*

따뜻하고 돌이 많은 곳에서 떼를
지어 사는 작은 물고기로, 15~
18센티미터 정도까지 자란다.
열대 지방에 사는 자리돔류와는 달리 비교적
차가운 온대 바다에 적응한 종이다. 몸은 흑갈색이며, 가슴
지느러미 기부에는 검푸른 색 반점, 등지느러미 기부 끝에
는 흰색 점이 나 있다. 6~8월 사이 암반에 알을 낳고 부화
할 때까지 옆에서 지킨다. 동물플랑크톤이나 작은 새우류
등을 먹는다. 우리나라에서는 제주도, 전남 홍도, 경남 거

무리를 지어 다니는 자리돔(왼쪽)과 자리돔을 닮은 열대 어종으로 제주도에서만 볼 수 있는 연무자리돔*Chromis fumea*(오른쪽)

제, 욕지도 부근, 동해의 울릉도, 독도에 이르기까지 널리 분포하며, 제주도에서는 들망으로 잡는다.

✔노랑자리돔 *Chromis analis*

크기는 10~15센티미터 정도까지 자란다. 몸은 둥글고 납작하며 노란색을 띠어 아름답다. 어릴 때는 선명한 노란색을 띠다가 10센티미터 이상 크기로 자라면 등이 황갈색으로

노랑자리돔 성어(왼쪽)와 제주 바다를 누비는 노랑자리돔과 파랑돔(오른쪽)

바뀐다. 난류의 영향을 받는 제주도 연안과, 여름철에는 남해 외곽 섬들에서도 볼 수 있는 열대 자리돔이다. 산란기가 되면 암수가 짝을 이루어 바위에 알을 붙인다. 수정란이 부화될 때까지 수컷이 지킨다. 암초가 발달한 수심 10~140미터 수층에 서식하며, 제주도에서 호주 동북부 산호초 바다에 이르는 아열대, 열대 바다에 널리 분포한다.

✔파랑돔 *Pomacentrus coelestis*

크기가 7~8센티미터 정도로 작으나, 긴 타원형의 몸은 살아 있을 때 푸른 코발트빛을 띠어 아름답다. 배 쪽과 꼬리지느러미는 화려한 노란색을 띠어 바닷속 관상어라 할 만하다. 여름에 자리돔처럼 바위 위에 알을 낳고 어미가 부화할 때까지 지킨다. 제주도 연안에는 일 년 내내 정착해서 살고,

파랑돔(왼쪽)과 자유롭게 바닷속을 누비는 아름다운 파랑돔(오른쪽)

울릉도, 독도, 왕돌초, 거제도, 홍도 등지에는 여름철에만 나타난다. 우리나라 남해, 제주도 연안에서 서부 태평양, 스리랑카 연안까지 넓게 분포하는 열대 어종이다.

✔흰동가리 *Amphiprion clarkii*

말미잘 촉수 사이에 숨어 포식자의 공격을 피하는 대신 말미잘의 찌꺼기를 청소해 주는 물고기로 유명하다. 몸은 납작하고 갈색 바탕에 굵은 흰색 띠가 눈 위, 몸통, 꼬리자루를 지나며, 8~10센티미터 정도까지 자란다. 우리나라에서는 제주도 남부 해역에서만 관찰되며 인도양, 서태평양, 서부 호주, 말레이시아, 미크로네시아, 타이완, 일본 남부에 분포한다. 여름철이면 서귀포 연안에서 흰동가리의 산란을 볼 수 있었는데 최근 어미 두 마리가 어디론가 가버려 새로

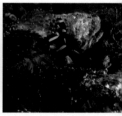

말미잘 옆에 알을 낳고 지키는 흰동가리(왼쪽)와 어미와 함께 사는 새끼 흰동가리(가운데), 제주도 연안에서 만난 흰동가리 한 쌍(오른쪽)

운 흰동가리가 자리 잡기를 기다리고 있다.

✔자바리 *Epinephelus bruneus*

제주도에서 '다금바리'라고도
부르는 바리류이다. 전 세계적
으로는 약 320여 종이 알려져 있

는 '그루퍼grouper'라는 무리의 일종이다. 몸은 1미터 이상
자라며, 긴 방추형이고 전체적으로 자갈색을 띤다. 여섯 줄
의 흑갈색 가로띠가 비스듬히 앞쪽으로 휘어져 나 있다. 무
늬는 나이를 먹을수록 희미해져서 나중에는 완전히 없어져
몸 전체가 흑갈색을 띤다. 바위가 많은 곳에 살며 한곳에 머
물러 살기를 좋아해 자신이 살고 있는 바위 굴을 좀처럼 떠
나지 않는다. 어린 새끼는 부유 생활을 하면서 소형 플랑크
톤을 먹지만, 자라면서 작은 물고기, 게, 새우 등 동물성 먹
이를 좋아하게 된다. 덩치가 엄청나게 크고 힘도 세서 '바다
낚시의 황제'란 별명이 붙었다.

✔전기가오리 *Narke japonica*

손을 대면 전기 충격으로 '시끈'거린다 하여 '시끈가오리',

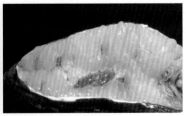

몸이 부드럽고 미끈하며 꼬리가 짧고 몸통은 원형에 가까운 전기가오리(왼쪽)와 근육이 변형된 원추형의 발전 기관(오른쪽)

'시끈가부리'라고도 한다. 크기는 40센티미터 정도이며, 몸통 좌우에 우윳빛 근육이 변형되어 생긴 벌집 모양의 발전기가 있다. 적을 만나거나 먹이를 잡을 때 강한 전기를 만들지만 자신은 감전되지 않으며, 발전 기관의 등 쪽은 플러스 전기, 배 쪽은 마이너스 전기를 띤다. 바닥의 모래나 펄 속에 몸을 숨기고 있다가 먹이가 가까이 다가오면 전기 쇼크를 주어 비실거리게 만든 후에 잡아먹는다. 아열대 어종으로 우리나라 제주도, 남해에서 일본 남부, 중국, 홍콩 연안까지 분포한다.

✔줄도화돔 *Apogon semilineatus*

몸은 연분홍색을 띠고 약간 납작한 타원형이며, 크기는 10센티미터 정도이다. 눈을 지나는 두 줄의 검은색 세로띠가

있으며, 등지느러미의 가시부는
가장자리가 검다. 알을 입에
넣고 부화시키는 구중부화 습
성이 있다. 남해, 제주도 연안의 암초 바닥, 산호초 부근에
떼를 지어 살고, 여름에는 동해안과 울릉도, 독도 연안에도
나타난다. 열대 어종으로 남해, 일본 중부 이남, 타이완, 필
리핀, 인도네시아, 호주 북부, 인도양에 널리 분포한다.

✔돛새치 *Istiophorus platypterus*

몸길이가 보통 2.5미터에
이르며 최대 3.5미터 크기의
기록이 있다. 시속 110킬
로미터로 헤엄칠 수 있어
물고기 중에서는 가장 빠른 종이다. 위턱이 길게 돌출되었고
등지느러미가 매우 크다. 지느러미와 주둥이로 작은 물고기
를 몰아 사냥하며, 물고기 외에 갑각류, 오징어 등도 잡아먹
는다. 난류를 따라 다니며 우리나라 남해안에 가끔 나타난
다. 대서양을 제외한 태평양, 인도양의 아열대, 열대 바다에
널리 서식한다.

✔청줄돔 *Chaetodontoplus septentrionalis*

크기는 25센티미터 정도이며, 황갈색 몸에 9~10줄의 푸른색 세로줄이 나 있다. 어미는 꼬리가 노랗고 아가미 뚜껑 위에 뒤로 향하는 한 개의 강한 가시가 있다. 3~6센티미터 크기의 새끼는 몸이 검고 머리 뒤에 노란색 가로띠가 있어 아름답다. 남해, 제주도 연안에서 볼 수 있는 열대 어종이며, 최근 제주도 부근의 개체 수가 늘었다.

청줄돔 성어(왼쪽)와 새끼(오른쪽)

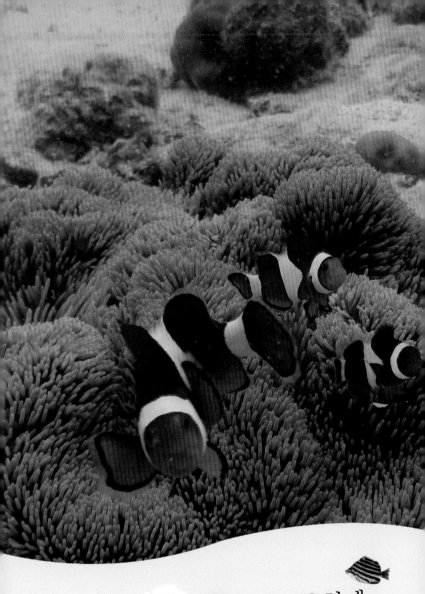

3 물고기와 함께
살아가기

식량 자원으로서의
물고기

인류가 지구에 살기 시작한 이후 지금까지 농사를 짓거나 사냥하는 것 외에 강이나 호수, 바다의 물고기도 잡아서 식량으로 삼아 왔다. 우리 조상들도 예로부터 다양한 방법으로 물고기를 잡아 이용해 왔다. 그러나 자연이 제공하는 자원은 무궁무진하지 않다. 특히 인구가 늘고 환경이 변하면서 더 이상 자연은 인류가 필요한 만큼의 자원을 제공하지 못하게 되었다. 물고기로 대표되는 수산 자원도 마찬가지이다.

위기를 깨달은 인류는 어획량을 조절하는 등 스스로 수

산 자원을 보전하려는 노력들을 해 왔다. 전 세계적으로 수산 자원을 철저하게 분석, 예측하고 무분별한 어업 행위를 엄격하게 통제하는 등 '책임 있는 수산업 정책'을 펼쳐 왔지만, 물고기 등 어업 자원의 절대량 감소를 막지는 못하였다. 21세기가 되었을 때 북태평양의 어업 자원은 이미 80퍼센트가 고갈된 상태였다. 더구나 1982년 「유엔해양법협약」에 의해 세계 각국들이 200해리 내의 배타적 경제수역EEZ, Exclusive Economic Zone을 선포함으로써 전 세계 해양의 약 36퍼센트이자 주요 어장의 90퍼센트는 각 국가의 관할 해역에 속하게 되었다. 주요 수산물 소비국인 우리나라는 우리 바다의 물고기가 고갈되어 가는데 설상가상으로 어장까지 줄어들게 되자 수산 자원 확보에 위기감을 느끼게 되었다.

우리나라는 1999년부터 고등어, 전갱이, 도루묵, 붉은 대게, 꽃게, 키조개 같은 주요 어종에 대해서는 총 허용 어획량TAC 제도를 도입하여 관리해 오고 있다. 또 양식 기술을 개발하는 한편 각 연안의 환경 특성에 맞추어 수산 자원을 늘리고 연안 공간의 다양한 활용을 위해 바다목장 사업 등 우리 바다를 풍성하게 일구는 노력도 함께해 왔다. 이렇게 수산 자원을 관리하고 증식시키는 노력은 현재의 상황에서

풍어를 이룬 고등어를 선망으로 잡아 늘어 놓은 제주 위판장

는 반드시 필요한 조치라 생각된다. 이러한 여러 가지 노력에도 불구하고 우리나라는 연안 수산업으로 100만 톤 정도를 유지하고, 부족한 약 480만 톤2011년의 수산물은 매년 외국에서 수입하고 있다.

물고기는 자연에서 얻는 자원이기는 하지만 사람들의 노력 여하에 따라 게, 새우, 조개와 같은 다른 해양생물과 함께 재생산할 수도 있는 생물 자원이다. 지금까지도 수산 자원의 생산성을 복원하고 유지하기 위하여 어린 물고기 방류 사업, 물고기 집 지어 주기, 어린 고기를 보호하기 위해 일정한 크기까지 자라지 않은 작은 고기는 잡지 못하게 하는 '채포 금지 체장' 제도, 씨를 말리는 부정 어구 사용 금지, 산란장이나 산란기를 맞은 종을 보호하기 위한 종별 규제 등 다양

다양한 수산물을 만날 수 있는 재래 어시장

한 사업을 진행하며 수산 자원을 증식시키기 위한 노력을 이어 왔다. 앞으로도 연안 수산 자원의 생산성을 높이는 꾸준한 자원 관리와 그들의 생태를 이해하려는 노력만이 풍요로운 우리 바다를 만들고 유지할 수 있게 할 것이다.

내 친구
바닷물고기

스쿠버다이빙, 낚시처럼 바다에서 즐기는 레저 활동이 활발해지면서 그동안 식량 자원으로만 바라보던 물고기에 대한 인식이 바뀌고 있다. 단순한 식량 자원이 아니라 수중 관광 자원, 레저 자원으로서의 역할이 커진 것이다. 예를 들어 우리나라의 경우 낚시 인구가 이미 300만 명을 넘었고, 해양 레포츠 인구도 나날이 늘어나고 있는 것이 이를 증명해 준다.

외국에는 물고기가 사람과 친구가 되어 유명해진 경우가 많다. 호주 그레이트 배리어 리프Great barrier reef, 호주 북동해안

154

을 따라 발달한 세계 최대의 산호초 코드 홀Cod hole의 포테이토 그루퍼 Potato grouper, 일본 사도 섬의 흑돔과 오키나와의 고래상어 등 이 주인공으로, 먹이를 주고받는 등 오랜 교감 활동을 통해 사람과 친밀도가 높아진 사례들이다. 전 세계에서 이곳으로 관광객들이 몰려들고 있다.

우리나라는 천연의 수중 경관이 뛰어난 곳이 많아 스쿠버다이버들을 즐겁게 한다. 울릉도, 독도를 포함한 속초에서 포항까지의 동해안 곳곳과 부산, 거제도 연안, 거문도와 백도, 제주도 등 남해의 몇몇 스쿠버다이빙 포인트에서는 늘 아름다운 물고기와 환상적인 수중 경관을 감상할 수 있다. 이 곳 외에도 풍광이 빼어난 곳이 많아 환경을 보호하면서도 난파선, 어초 등을 인위적으로 설치하여 훌륭한 관광 자원으로 활용할 만한 연안이 많다. 실제로 제주도에 수중 체험형 바다목장, 동해에 관광형 바다목장 등을 건설하고 있어 물고기와 수중 경관을 이용한 관광 자원을 늘리는 노력들이 이루어지고 있다.

오랫동안 식량 자원으로만 여겨 왔던 물고기이지만, 이제는 그들이 살고 있는 물속 세계를 들여다보는 것으로 즐거움을 얻는 동시에 경제적 수익도 올릴 수 있게 되었다. 그

호주 그레이트 배리어 리프의 명물인 포테이토 그루퍼

꺼리낌 없이 사람에게 다가오는 일본 니가타 사도섬의 혹돔(왼쪽)과 사람이 주는 먹이를 받아먹는 오키나와의 고래상어(오른쪽)

들과 더불어 오랫동안 지구에서 살 수 있도록 함께 살아가는 방법을 좀 더 구체적으로 연구하고, 자연 속에서 인류의 위치와 가치를 다시 한 번 되돌아보았으면 한다. 식량 자원을 얻기 위한 어업 활동 외에 앞으로 보다 나은 바다 환경을 유지하고 그 속의 다양한 자원을 환경 친화적으로 활용하기 위한 다양한 노력들도 이어져야 할 것이다.

■닫는 글 : 물속 세계에서 배우는 지혜

한갓 미물이라 여겨 왔던 물고기를 자세히 살펴보니 미처 알지 못했던, 우리가 되새겨볼 만한 것들이 눈에 띄었다. 우선은 자신들이 사는 공간을 합리적으로 활용한다는 것이다. 물고기의 다양한 생활사를 엿보면서 각 종마다 서로 다른 서식 환경에서 산란장과 성육장을 만들고 활용함으로써 물 속 공간을 지혜롭게 나누어 이용하고 있음을 알 수 있었다. 2만 7000여 종이나 되는 물고기가 연안에서 심해에 이르기까지 나름대로의 자기 공간에서 번식하고 성장하면서 안정된 질서를 유지해 왔다.

또 하나는 절제된 먹이 활동이다. 포식성이 강한 상어도 먹이를 사냥할 때가 아니면 곁을 스쳐 지나가는 수많은 물고기에 욕심을 부리지 않는다. 자신에게 필요한 때에 먹을 만큼의 양이 충족되면 더 이상 욕심내지 않고 자신의 먹이 생물과도 잘 어울려 지낸다. 인간의 끝없는 욕심으로 무자비하게 벌어지는 수산 자원에 대한 남획과 같은 일은 수중 세계에서는 거의 찾아볼 수 없다. 수중 세계의 균형 잡힌 먹이사슬의 일부로서 물고기들은 일정한 시간에 한정된 먹이 활동을 함으로써 자신의 먹이를 고갈시키지 않는 질서 속에서 살아왔음을 알 수 있다.

현재 인류는 식량 부족, 육상 자원 고갈, 환경 파괴에 의한 기후 변화와 같은 심각한 문제들을 숙제로 안고 있다. 지난 수억 년 동안 물속 세계의 환경과 생태계 질서를 지키면서 더불어 살아온 수많은 수중생물들의 지혜로운 생태를 이해하면 우리가 직면하고 있는 이러한 문제들을 풀어 나가는 지혜를 얻을 수 있을지도 모른다. 물속 물고기 세상을 엿보며 앞으로도 늘 풍요로운 우리 바다를 기대해 본다.

참고문헌

고유봉 · 고경민 · 김종만. 1991. 제주도 북방 함덕 연안역의 자치어 출현. 한어지3(1): 24~35.

명정구. 1997. 제주도 문섬 주변의 어류상. 한어지 9(1): 5~14.

명정구. 2002. 동해 왕돌초 해역의 춘계와 추계 어류상. 수중과학기술 3(1): 1~6.

명정구. 2002. 독도 주변의 어류상. Ocean and Polar Research. 24(4): 49~455.

명정구 · 조선형 · 박정호 · 백상규 · 김종만 · 강필선. 2003. 다이빙 조사에 의한 가을철 가거도 연안의 어류상. 한어지 15(3): 207~211.

유재명 · 김성 · 이은경 · 김웅서 · 명철수. 1995. 제주 바다물고기. 현암사, 서울. 248pp.

이순길 · 김용억 · 명정구 · 김종만. 2000. 한국산 어명집. 정인사. 서울, 222pp.

이종욱 · 김창환 · 문태영. 2000. 동물계통학, 형설출판사. 서울, 455pp.

정문기. 1977. 한국어도보. 일지사. 서울, 727pp.

한국해양연구소, 2000, 독도 생태계 등 기초조사연구, 해양수산부, 1033pp.

한국해양연구원, 2008, 독도의 지속가능한 이용연구. 국토해양부, 792pp.

Masuda, H., K. Amaoka, C. Araga, T. Uyeno and T. Yoshino. 1984. The Fishes of the Japanese Archipelago. Tokai Univ. Press. Tokyo, Text 437pp, Plates 370pp.

Moyle, P.B. and J.J. Cech. 2000. Fishes: An Introduction to Ichthyology. 4th ed. Prentice-Hall. NJ, pp. 361~376.

Nakabo, T. 2002. Fishes of Japan with Pictorial keys to the Species, English edition. Tokai Univ. Press. Tokyo, 1749pp.